Wolfgang Marlie
Ulrike Bergmann

Pferde – wie von
Zauberhand bewegt

»Ich möchte ein ganzer Lehrer werden, so wie ich ihn mir vorstelle. Seine Methode ist seine Fröhlichkeit, dass er unterrichten darf. Die Methode heißt: Die Gewinnung der Herzen.«

Tagebucheintrag von Paul Zimmermann, Gründer des Scharbeutzer Ortsteils Klingberg und Erbauer des Hauses, in dem ich seit sechzig Jahren lebe, im Mai 1900.

Wolfgang Marlie • Ulrike Bergmann

Pferde – wie von Zauberhand bewegt

KOSMOS

Inhalt

Vor der Fernsehkamera: »Was sind Pferde, wie von Zauberhand bewegt?« 6

Mein erstes eigenes Pferd: »Ach Jungchen, der ist doch längst in der Wurst.« 13

Als Komparse auf dem Treck: »Drei Pferde, tausend Mark und ein bisschen Todesangst.« ... 28

Ausbildung bei Paul Stecken: »Die Pferde sehen mir noch recht frisch aus. Führen Sie weiter!« 42

Ein Olympiareiter namens Klapparsch: »Der kann ja nicht mal leichttraben!« 59

Präzise Hilfengebung: »Ich verspreche dir, nach vier Wochen verkaufst du deine Stiefel.« 75

Als Pferdehändler ungeeignet: »Herbert Blöcker meint, das Pferd hat zu wenig Herz.« 86

Im Reitinstitut von Neindorff: »Das machst du Mistbock nicht nochmal mit mir!« 100

Neue Wege zu klassischen Zielen: »Ich suche
Win-win-Situationen für Pferd und Reiter.« 115

Beschwerden bei der FN: »Während
der gesamten Stunde saß kein Schüler auf
seinem Pferd.« 130

Deutsche Ponymeisterschaft: »Hätte meine
Tochter bloß einen richtigen Lehrer gehabt.« ... 144

Keine Arme, aber ein wildes Pferd: »Sie sollen
mir Mut machen und keine Angst!« 156

Die Skala der Ausbildung: »Meine acht Stufen
sind Freundschaft, Engagement, Takt, ...« 179

Angstfrei reiten: »Ich lasse mir doch von der
Realität nicht vorschreiben, was ich empfinde.« 192

Unterricht auf Augenhöhe: »Ich möchte in jeder
Stunde so viel lernen wie meine Schüler.« 206

Wie von Zauberhand bewegt: »Das ist gegenseitige Ermutigung, das ist der Zuckerguss
auf meinem Reiterleben.« 217

Service 228

KAPITEL 1

Vor der Fernsehkamera

»Was sind Pferde, wie von Zauberhand bewegt?«

Auf dem Weg ins Fernsehstudio kam ich mir vor wie ein Straßenmusiker, der von Freunden zu einer Castingshow angemeldet wurde und dort in neunzig Sekunden zeigen soll, was er sich über Jahre oder sogar Jahrzehnte erarbeitet hat. Wir waren nur zu zweit im Auto und trotzdem fühlte es sich für mich so an, als würde noch jemand, oder besser gesagt noch etwas, auf der Rückbank sitzen: Diese bleischwere Mischung aus Müdigkeit, Angst und Übelkeit, mit der ich von Kindesbeinen an so unangenehm vertraut bin.

Es war nicht einfach Lampenfieber vor meinem ersten Live-Interview, was da lauerte. Es war dieser übermächtige Wunsch, mich aus purer Versagensangst unsichtbar zu machen, mir die Bettdecke über den Kopf zu ziehen und mit mir und meinem Elend allein zu sein. Nur wer nichts macht, macht nichts verkehrt und kann sich nicht blamieren. Ich habe mit diesem Gefühl schon so unendlich oft gekämpft, habe versucht, es zu ignorieren, abzuschütteln, auszutricksen, es wie einen schlecht sitzenden Pullover in einen geistigen Altkleidercontainer zu stopfen ... Aber die Angst vor einer Blamage hing an mir wie eine Klette. Egal, ob ich in der Schule ein Gedicht aufsagen, auf Turnieren ins Dressurviereck einreiten oder einen neuen Gast in unserer Pension begrüßen sollte.

Sie hing an mir wie eine Klette? Habe ich eben wirklich *»hing«* gedacht? Nicht *»hängt«*? Sollte ich dieses Gefühl genau jetzt plötzlich in die Vergangenheit verbannen, mich mit sechsundsiebzig Jahren von ihm befreit haben?

In den vergangenen Jahren, vielleicht ungefähr seit ich Anfang siebzig bin, hatte die Angst ganz langsam immer mal wieder Konkurrenz von anderen, von so viel besseren Gefühlen bekommen. Und genau im richtigen Moment, auf dem Weg ins Studio nahmen sie so viel Raum ein, dass es für meinen lebenslangen Begleiter richtig eng wurde: Meine Neugier und meine Vorfreude darauf, im Fernsehen über mein Lieblingsthema, über Pferde, wie von Zauberhand bewegt, sprechen zu dürfen, war in den Wochen zwischen der Einladung und dem Auftrittstermin immer weiter gewachsen.

Vor der Abfahrt hatte ich gesehen, wie mein jüngerer Sohn mit Gästen im Esszimmer unserer Pension einen Fernseher anschloss und Stühle davor aufstellte. Als ich im perfekt gebügelten hellblauen Hemd, die Wegbeschreibung zum Studio in Händen, von unserer Wohnung zum Auto ging, machte jeder, der mich unterwegs traf, das »*Daumen hoch*«-Zeichen, deutete an, mir drei Mal über die Schulter zu spucken oder rief mir Sätze wie »*Und wenn du dich verhaspelst, stell dir einfach vor, dass wir alle klatschen*« zu.

Es war eine liebevoll gemachte, von sehr zugewandten Moderatoren geleitete, kleine Sendung im Nachmittagsprogramm des Senders N3. Ohne Studiopublikum und ohne das Risiko, weltweite Beachtung zu finden. Jeden Tag saß dort irgendein Otto Normalo wie ich auf der Couch. Alles halb so wild und von außen betrachtet sicher kein Grund, sämtliche Räder anzuhalten. Aber auf unserem Hof stand an diesem Tag zwischen sechzehn und siebzehn Uhr keine einzige Reitstunde auf dem Unterrichtsplan. Niemand hatte etwas bestellt. Und das nicht, wie früher, weil meine Ideen zum Umgang mit Pferden so schrecklich waren, dass man sich darüber bei der Reiterlichen Vereinigung, der FN, beschweren musste, sondern weil unsere Gäste lieber meinen Fernsehauftritt verfolgen, mir zumindest mental Beistand leisten wollten. Davon getragen stieg ich ins Auto und wann immer die bleischwere Angst unterwegs drohte, mich von der Rückbank aus zu umarmen – meine Neugier auf das, was ich erleben durfte, schaffte es, sie beiseite zu boxen. Sollte ich sie wirklich besiegt haben? Das ist wahrscheinlich zu hoch gegriffen. Ich genoss den Fernsehauftritt in vollen Zügen, aber ich beschloss, mich lieber nicht darauf zu verlassen, dass die Angst jetzt Geschichte ist. Lieber noch nicht.

1954 bekam ich als Fünfzehnjähriger den ersten Reitunterricht. Vorher hatte ich mit meiner Mutter beratschlagt, wie viele Stunden ich wohl brauchen würde, bis ich reiten könnte. Wir tippten auf ungefähr zehn. Im selben Jahr eröffneten wir zwanzig Kilometer nördlich von Lübeck, in Klingberg bei Scharbeutz an der Ostsee, eine Pension. Wir vermieteten Fremdenzimmer – und nach einem Jahr auch Pferde. Obwohl wir von beidem so gut wie keine Ahnung hatten. Mit zwanzig Jahren begann ich, unseren Gästen Reitunterricht zu geben.

Ich sprach in der NDR-Talksendung »*Mein Nachmittag*« also über rund sechzig Jahre Arbeit mit Pferden und über fünfundfünfzig Jahre mit Menschen und Pferden. Im Vergleich zu den Musikern in Castingshows und ihren neunzig Sekunden hatte ich dabei großes Glück: Mein Auftritt dauerte zwanzig Minuten.

Mit drei Jahren bekam ich zu Weihnachten ein Schaukelpferd – und eine mich mein Leben lang begleitende Geschichte: Ich hätte vorsichtig versucht, ein Bein über das wippende Pferdchen zu schwingen, es dann aber wieder weggezogen und mich mit den Worten »*lieber nicht*« von meinem Geschenk abgewandt. Eine Episode, an die ich mich zwar nicht erinnere, die meine Mutter und meine ältere Schwester aber so oft zum Besten gegeben haben, dass ich überzeugt davon bin, dass sie so stattgefunden haben muss.

Außerdem zieht sich dieses »*lieber nicht*« wie ein roter Faden durch mein Leben: Schon auf dem Schulweg machte ich lieber kilometerweite Umwege, als an jemandem vorbeigehen und ihm Guten Tag sagen zu müssen. Und das nicht, weil ich nicht grüßen wollte, sondern weil es mir peinlich war. Als junger Mann bin ich öfter aus dem Fenster unserer Wohnung geklettert, um »*lieber nicht*« durch die Diele gehen und dort Gäste mit meiner Anwesenheit belästigen zu müssen. Ich war mir sicher, sowieso nichts sagen zu können, was sie auch nur ansatzweise interessiert hätte. Aus lauter Sorge, ich könnte mich blamieren, machte ich meine ersten Springversuche »*lieber nicht*« im Gruppenunterricht des Timmendorfer Reitvereins, sondern in einem sehr schmerzhaften Alleingang und so weiter und so weiter. Lieber nicht, lieber nicht, lieber nicht …

Zum ersten Mal auf einem echten Pferd saß ich mit vier Jahren. Auf dem Kaltblüter Bobby, der den Leiterwagen einer Gärtnerei über die Sandwege unseres Dorfes zog. Ich weiß noch, dass ich zwar zwischen Geschirr und Fahrleinen eingeklemmt, aber irgendwie recht stolz da oben thronte. Bis ein Nachbar mir sehr ätzend, sehr ironisch, sehr abfällig mitteilte, wie krumm und schief ich auf dem »*Gaul*« gehockt hätte. Muss man das einem Vierjährigen sagen? Muss man so etwas überhaupt zu irgendjemand sagen? Meine Reitstunden sind voll mit Menschen, die aus solchen Erfahrungen gelernt haben, ihrem Selbstwertgefühl eigenhändig Ohrfeigen zu verpassen: »*Ich lerne das nie!*« oder »*Dazu bin ich zu blöd!*« sind die Redewendungen, die ich so oder so ähnlich immer wieder höre. Meistens gefolgt von einer Entschuldigung des eigenen Unvermögens. Und auch ich habe mir sicher nicht umsonst genau diesen Kommentar des Nachbarn zu Herzen genommen. Obwohl er vermutlich in den Jahren unseres Tür-an-Tür-Wohnens auch mal nette Sachen zu mir gesagt haben wird.

Zwei Verlobungen

Ich verdanke den Pferden viel Gutes. Das Beste aber ist, dass sie am 18. November 1967 Kari zu mir führten. Sie kam mit ihren Schwestern und einigen Freunden aus Hamburg für ein Reiterwochenende in unsere Pension. Eigentlich waren wir in der Winterpause und ich hatte am Telefon noch versucht, den ganzen Trupp abzuwimmeln: Meine Mutter besuchte meine Schwester im fernen Köln, konnte sich also weder um Unterbringung noch Verpflegung der Gäste kümmern und wir hatten damals gerade angefangen, unser Haus umzubauen: Die Terrasse wurde überdacht, das ganze Erdgeschoss war eine einzige Baustelle, sämtliche Heizkörper abmontiert, der Flur mit gestapelten Tischen und Stühlen vollgestellt …

Aber die ungefähr zehn jungen Leute ließen sich nicht abschrecken und als sie Freitagabend auf unseren Hof fuhren, begann ein Wochenende voller Herzklopfen: Gemeinsam holten wir zwei alte Petroleumöfen aus dem Keller, bauten dort, wo heute das Esszimmer für unsere Gäste ist, einen Tapeziertisch auf und zündeten ein paar Kerzen an, die den Bauschutt und die mit Plastikplane abgedeckten Schränke um uns herum in ein warmes, weiches Licht tauchten. Die Frau unseres damaligen Stallmeisters zauberte aus den Resten, die unsere Küche hergab, ein Abendessen und am nächsten Morgen, beim Start zu einem langen Ausritt, fühlte es sich so an, als würden wir alle uns schon seit Ewigkeiten kennen.

Als wir abends wieder im Kerzenschein an unserer improvisierten Tafel saßen, verkündete einer der Freunde von Karis Schwestern, dass sie sich noch ein bisschen mehr zu Hause fühlen würden, wenn eines der Mädchen den Hausherren, also mich, heiraten würde. Wir wissen beide nicht mehr genau, wie es zustande kam, aber Kari wurde für diese Aufgabe ausgeguckt und wir inszenierten zum Spaß eine Verlobungsfeier: Einer der Freunde hielt eine Rede, wir köpften einige

Flaschen Sekt ... und am Wochenende danach kam Kari allein zu Besuch. Ein Jahr später haben wir uns quasi zum zweiten Mal verlobt und im Frühjahr 1969 geheiratet. Seitdem führen wir unsere Reiterpension gemeinsam.

Als ich Ende der 1970er-Jahre anfing, meinen Umgang mit Pferden, mein Reiten und danach auch meinen Umgang mit Menschen zu überdenken, war ich davon so elektrisiert, dass ich glaubte, jeder meiner Schüler müsste meine Faszination verstehen, mehr noch, er müsste sie begeistert teilen. Das Gegenteil war der Fall: Meine Ideen klangen selbst für viele unserer Stammgäste so absurd, wie es heute absurd klänge, wenn ich urplötzlich die Rollkur als das allein Seligmachende propagieren würde. Schon wenn ich damals einen Schüler bat, sein Pferd am hingegebenen Zügel antraben zu lassen, standen sofort die Worte Lebensgefahr (*»Ich kann ihn so ja gar nicht wieder anhalten«*) und Tierquälerei (*»Der Arme läuft ja auf der Vorhand«*) im Raum.

Bei unseren Theoriestunden saß ich teilweise dreißig oder auch vierzig erfahrenen Reitern gegenüber, die, um meine Thesen zu widerlegen, rauf und runter aus Reitlehren zitierten – und sich für ihren nächsten Urlaub ein anderes Ziel suchten. Selbst die in unserer Pension angestellte Hauswirtschafterin musste sich damals anhören, was für bescheuerte Ideen ihr Chef produziere.

Wir werben mit dem Slogan »*Pferde, wie von Zauberhand bewegt*« und ich habe mehrere dicke Notizbücher voll mit Definitionen dazu: Pferde sind dann wie von Zauberhand bewegt, wenn sie mit einem zärtlichen Gefühl geführt werden. Es ist die Kunst, sich in ein Pferd zu verlieben oder das Glas immer als halb voll statt als halb leer anzusehen ...

Als ich im Vorgespräch zu der Talk-Sendung einer NDR-Redakteurin erklären sollte, was mit dem Slogan gemeint ist, hatte ich das

Gefühl, meine jahrzehntelangen Überlegungen mindestens unter Stroh vergraben zu haben: Pferde, wie von Zauberhand bewegt, sind ... was? Ich weiß es doch auch nicht! Da dachte ich nochmal, dass ich lieber nicht in dieser Sendung auftreten sollte.

Zum Glück hatte die neue Konkurrenz meines »*Lieber nicht*«-Gefühls auf der Fahrt ins Studio aber so sehr Oberwasser bekommen, dass ich mich während des Auftritts selber wie von Zauberhand bewegt fühlte: Vor einer, für meine Verhältnisse riesengroßen Zuschauerzahl erklärte ich, dass meine Ideen zum Umgang mit Pferden mehr ein Gefühl als ein Zustand sind. Pferde, wie von Zauberhand bewegt, das ist eine Einstellung, keine Gebrauchsanweisung.

Es ist eine Einladung dazu, tief durchzuatmen und sich an Pferden zu freuen. Ungefähr so, wie sich Eltern an einem Baby freuen – einfach weil es da ist und nicht weil es irgendetwas Besonderes leistet. Es ist die Einladung, sich eine gute Zeit mit Pferden zu gönnen. Und, ob die dann auf der Vorhand bummeln oder meilenweit untertreten, spielt so lange keine Rolle, wie Mensch und Tier gemeinsam Freude haben.

KAPITEL 2

Mein erstes eigenes Pferd

*»Ach Jungchen, der ist doch längst
in der Wurst.«*

Mal angenommen, eine Mutter käme mit ihrem Teenager-Sohn zu mir und würde dessen reiterlichen Werdegang folgendermaßen beschreiben: Er saß ab und an mal auf einem Kaltblüter und als er fünfzehn Jahre alt war, haben wir ihm ein eigenes Pferd gekauft. Das war allerdings so wild, dass er es gar nicht reiten konnte und zehn Unterrichtsstunden auf Schulpferden genommen hat. Nach der vierten Stunde konnte er immer noch nicht galoppieren, ging in der sechsten Stunde aber trotzdem auf seinen ersten Ausritt. Nach der zehnten Stunde wusste er noch nicht genau, wie das Satteln funktionierte, durfte aber allein ins Gelände reiten. Dabei ist ihm das Pferd zwar durchgegangen, aber er hat einfach weiter geübt ... Ich kann jeden verstehen, der bei so einer Geschichte innerlich seufzt und etwas wie *»Mehr Glück als Verstand«* denkt. Aber genau so hat meine reiterliche Laufbahn begonnen.

Mein Vater fiel im Zweiten Weltkrieg. Acht Jahre nach Kriegsende, 1953, kaufte meine Mutter mithilfe von Tauschgeschäften, Schuldscheinen, die ständig hin und her gereicht wurden, und dem bisschen Geld, das sie vermutlich im Sparstrumpf versteckt hatte, unsere heutige Reiterpension in der Straße Uhlenflucht, schräg gegenüber des Pönitzer Sees. Damals ein ungefähr sechs Hektar großes, von kaputten Stacheldrahtzäunen, Gestrüpp, Schutt und Scherben übersätes Grundstück. Mittendrin: ein dreistöckiges rotes Backsteinhaus mit

Efeubewuchs und weißen Sprossenfenstern. Vor dem Krieg war es der idyllische Sommersitz einer Berliner Unternehmerfamilie. In jedem Zimmer gab es ein Waschbecken und eine Klingel, mit der die Herrschaft früher vermutlich weiß beschürzte Dienstmädchen aus der Küche zu sich rauf rief.

Als wir Haus und Hof übernahmen, war die Klingelanlage längst kaputt. Aus jedem Fenster ragte ein Ofenrohr, in jedem Zimmer hauste eine Flüchtlingsfamilie. Unter ihnen Hamburger, die bei Fliegeralarm mit Kindern an der Hand und eilig vollgestopften Rucksäcken auf dem Rücken in Luftschutzbunker flohen und nach den Bombenangriffen vor den Schuttbergen standen, die ein paar Stunden zuvor noch ihr Zuhause waren. Andere hatten den Treck von Ostpreußen nach Schleswig-Holstein mitgemacht oder waren sonst wie in den Kriegswirren gestrandet.

Auf den Zimmerböden lagen Matratzen, der schmale Flur war mit dem an sich wenigen Hab und Gut vollgestellt, das die Menschen aus der alten Heimat mitnehmen konnten. Gekocht wurde anfangs auf einer kleinen Heizplatte in der Diele. So, dass sich der Duft nach Steckrübensuppe im ganzen Haus ausbreitete und mit dem Geruch nasser Wäsche, die über dem Treppengeländer trocknete, vermischte.

Vorher wohnten wir in einem kleineren Haus ein paar Straßen weiter und ich weiß noch, dass ich unsere Koffer und Kisten von dort mit der Schubkarre in die Uhlenflucht transportierte. Für die größeren Möbelstücke liehen wir den Leiterwagen der Gärtnerei aus. Dabei hatten wir in unserem neuen, eigentlich ja riesigen Haus überhaupt keinen Platz für sie. Die meisten Sachen stapelten wir in der Diele vor dem winzigen Zimmerchen, unserem heutigen Büro, in das meine Mutter, meine Schwester und ich damals einzogen.

Mit dem Grundstück übernahm meine Mutter die Herausforderung, die Flüchtlinge anderweitig unterzubringen. Schließlich wollte sie die

Zimmer an Feriengäste vermieten, von den erhofften Einnahmen ihre Kinder ernähren. Eine Situation, in der der Gedanke »*Oh ja, und jetzt schaffen wir auch noch ein Pferd an*« zugegebenermaßen befremdlich klingt. Damals sagte man aber eher: »*Darauf kommt es jetzt auch nicht mehr an.*«

Jeder versuchte aus dem, was Krieg und Währungsreform ihm gelassen hatten, etwas aufzubauen, sich und seiner Familie ein Stückchen Sicherheit, Normalität zu schaffen, um dann vielleicht lange zurückgestellte Träume zu verwirklichen. So wie Herr Blanck, einer der Flüchtlinge aus Ostpreußen: Er schlug meiner Mutter vor, auf unserem Grundstück einen Reitstall zu eröffnen und so die Attraktivität des Pensionsbetriebes zu erhöhen. Ich sehe ihn noch unterhalb des Hauses auf unserem völlig verwilderten Land stehen und mal nach rechts, mal nach links, mal in Richtung Wald deuten: »*Da unten bauen wir einen Stall, am Waldrand legen wir den Reitplatz an. Dann können die Gäste während des Frühstücks von der Terrasse aus beim Unterricht zugucken. Und wir bieten Ausritte an, bis an den Strand …*«

Meine Mutter stand damals neben ihm. Ihr Blick folgte seinen ausladenden Armbewegungen und sie nickte zu jedem seiner Sätze mit dem Kopf. Es war, als gingen sie gemeinsam auf eine gedankliche Reise: Sie träumten davon, wie schön es einmal sein könnte und meine Mutter war wahrscheinlich froh, jemanden zu kennen, der zumindest scheinbar wusste, in welche Richtung es ging. Sie war leicht zu beeindrucken und damit die ideale Zuhörerin für einen Fantasten wie Blanck, der lebhaft erzählen konnte, dabei nur leider immer mal wieder Wunsch und Wirklichkeit durcheinanderwarf.

Zwar eröffnete er seinen Stall doch nicht bei uns, sondern auf einem noch größeren Grundstück in der Nachbarschaft, das er mit Mitteln aus dem Lastenausgleich, der Entschädigung für sein in Ostpreußen verlorenes Land, bezahlte. Aber meine Mutter und er beschlossen, sich gegenseitig Gäste zu vermitteln: Er wollte seinen Schülern Übernachtungen in unserer Pension empfehlen, wir sagten zu, bei unseren Urlaubern Werbung für seinen Reitunterricht zu machen.

In froher Erwartung glänzender Geschäfte baute Blanck den vier oder fünf Trakehnern, die er wohl aus seiner alten Heimat mitgebracht hatte, einen Stall, stellte einen Reitlehrer ein und ging selbstverständlich davon aus, dass dabei auch noch genug Geld für den Unterhalt seiner Familie übrig bleiben würde. Und als sei das alles nicht schon tollkühn genug, produzierte er weitere Ideen. So wie die mit meinem ersten eigenen Pferd: Blanck hatte es irgendwo gesehen und meiner Mutter davon vorgeschwärmt. Er wollte es gern kaufen, konnte es sich aber nicht leisten. Kein Geld – das hatten meine Mutter und er gemeinsam.

Bis dahin war ich mit den anderen Jungs aus unserem Dorf immer wieder auf den bäuerlichen Arbeitspferden geritten. Die meisten meiner Freunde fanden es manchmal ganz lustig, während die Pferde vor dem Pflug gingen, auf ihren blanken Rücken zu sitzen. Ich fand es immer super! Auch wenn ich mich beim Pflügen ständig unter den Zweigen von Obstbäumen ducken musste oder wenn es regnete. Grund genug für meine Mutter, auf Blancks Schwärmerei einzusteigen. Entgegen allem, was vernünftig erscheint, kratzte sie unser eigentlich nicht vorhandenes Geld zusammen und kaufte mir das Pferd, von dem er erzählt hatte, ohne es vorher auch nur gesehen zu haben. Wobei selbst das nicht viel genützt hätte: Meine Mutter verstand von Pferden so viel wie vom Goldbarrenstapeln, einfach gar nichts. Aber sie tat alles, um mir eine Freude zu machen.

Heute ist es meine Passion, verunsicherten Pferden Halt, Orientierung und Ordnung zu geben. Damals hätte ich leider gar nicht gewusst, was das bedeutet. Mein angeblich so tolles Pferd entpuppte sich nämlich als so wild und unberechenbar, dass Blanck mich nicht mal in seine Nähe, geschweige denn auf seinen Rücken ließ. Also stand ich mindestens fünf Meter von dem dunklen Verschlag entfernt, in dem er den Braunen untergebracht hatte, und beobachtete ihn aus der Ferne. Ich träumte mich in seinen Sattel, stellte mir vor, wie ich mit ihm am Strand entlangritt und dass die Gäste, die dort spazieren gingen, uns bewundernd hinterhersahen.

In meinem Kopfkino funktionierte es natürlich alles bestens. Dass ich es tatsächlich nie ausprobiert habe, lag mehr daran, dass ich so obrigkeitsgläubig war, als daran, dass ich Angst gehabt hätte. Ich bin schlichtweg nicht auf die Idee gekommen, Blancks Aussage anzuzweifeln. Wenn er sagte, das Pferd sei für mich unreitbar, dann war es das auch. »*Der trifft das Goldene Reitabzeichen auf dem Jackenkragen*«, als so präzise hatte er die Verteidigungsmechanismen, das Ausschlagen meines Pferdes, beschrieben. Ich hatte dazu, ähnlich wie meine Mutter, wissend mit dem Kopf genickt. Als würde ich die Bedeutung seiner Worte erfassen. Dabei hatte ich keine Ahnung.

Also nahm ich die bereits erwähnten zehn Reitstunden – wir dachten ernsthaft, das würde reichen – auf Blancks Schulpferden und es dauerte eine Weile, bis ich selber erlebte, dass Pferde eben nicht immer das tun, was ihre Reiter sich gerade wünschen. Dass Tiere eigene Ideen und Fantasien haben oder den Menschen einfach nicht verstehen könnten, war mir vorher nie in den Sinn gekommen.

Selbst als meine Freunde und ich mit Bobby, dem Kaltblüter der Dorf-Gärtnerei, wilde Rennfahrten veranstalteten, dachte ich keine Sekunde an dessen Empfindungen. Tierquälerei?

Das waren unsere irrsinnigen Rasereien auf jeden Fall, aber wir kannten wahrscheinlich noch nicht mal dieses Wort. Man unterschied nützliche und schädliche Tiere, benutzte sie für die tägliche Feldarbeit und der Umgang mit ihnen war pragmatisch. Abschwitz-, Regen-, Stall- und Winterdecken, Medizin beim kleinsten Hüsterchen, zig verschiedene Sorten Mineralfutter … Vergleichbares gab es damals weder für Menschen noch für Tiere.

Freitag gibt es Fisch

Was es gab, waren klare Regeln. So klar, dass die Arbeitspferde auf großen Gütern bei Gewitter vorsichtshalber angeschirrt wurden. In der Reitlehrerausbildung erzählte man uns, dass sie einfach nicht daran gewöhnt seien, ihre Ständer ohne diese Arbeitskleidung zu verlassen und man fürchtete, sie deshalb bei einem Blitzeinschlag sonst nicht evakuieren zu können.

Leider wurden diese Regeln Pferden oft mit Brutalität eingebläut. Selbst mit Kindern ging man nicht viel feinfühliger um. Ich hatte einige Freunde, die ihre Gürtel schon gewohnheitsmäßig selber aus den Hosen zogen und ihren Vätern reichten, wenn sie schmutzig oder zu spät vom Spielen nach Hause kamen.

Meine Mutter war für Prügelstrafen zum Glück zu sanft. Ich kann mich an keine einzige Ohrfeige, allerdings auch kaum an irgendeine unumstößliche Regel erinnern. Letzteres war immer dann besonders unpraktisch, wenn meine Freunde zu Besuch waren und sich bei uns Dinge trauten, die wir Kinder in keinem anderen Elternhaus gewagt hätten: in dreckigen Schuhen durchs Zimmer laufen, über Tische und Bänke toben, in den Obstbäumen herumklettern und dabei Zweige abbrechen ... Ich weiß noch, dass sie einfach an mir vorbei ins Haus stürmten, obwohl ich in der Tür stand und sie mit leiser Stimme bat, die Schuhe auszuziehen.

Meine Mutter ließ sie gewähren und putzte klaglos hinter ihnen her. Es hätte mir gefallen, wenn sie sich nur ein einziges Mal zur Wehr gesetzt und sie zur Ordnung gerufen hätte. Es hätte mich stärker gemacht. Aber genau das passierte nicht und ich dachte, dass meine Freunde lieber nicht mehr zu uns nach Hause kommen sollten.

Ich hätte damals nicht in Worte fassen können, was mir fehlte. Inzwischen kenne ich dafür eine sehr einfache Formulierung: »*Heute ist Freitag und Freitag gibt es Fisch.«* So eine Aussage und natürlich die entsprechende Handlung dazu, bieten Orientierung und geben dadurch Sicherheit. Selbst wenn man mit Fisch am Freitag nicht einverstanden ist, weiß man doch klar, woran man ist und kann entscheiden, ob man sich auf das Essen einlassen oder lieber eine Pizza bestellen will.

Klar sein geht vor beliebt sein – diese Haltung gilt auch unter Pferden: Wenn die Leitstute ihre Herde irgendwo hinführt, ist vorher geklärt, dass sie diese Führungsrolle inne hat, dass sich die anderen Pferde ihrer Führung anvertrauen. Hält sich ein einzelnes Pferd nicht daran und versucht beispielsweise, sie zu überholen, muss es mit den Konsequenzen leben: Es wird gnadenlos aus dem Weg gebissen. Diese Reaktion auf fehlenden Respekt lernen Pferde schon im Fohlenalter von ihren Müttern. Unerwünschtes, unpraktisches, die Sicherheit der Herde gefährdendes Verhalten hat Konsequenzen.

Und jetzt kommt der kritische Punkt: Weil Pferde miteinander nicht gerade zärtlich sind, heißt es oft, wir Menschen müssten sie nur mal ordentlich verprügeln, dann würden sie uns schon verstehen. Dabei ignorieren wir, welch feines Frühwarnsystem Pferde benutzen, wie berechenbar das Verhalten der Leithengste und -stuten für die Herde und wie komplex menschliches Verhalten für Tiere ist, die nur zwei Botschaften miteinander austauschen: *»Komm zu mir/sei bei mir«* und *»Geh auf Abstand«*. Angelegte Ohren heißen bei Pferden immer, immer, immer *»Geh auf Abstand«*. Wenn wir, weil wir mit unseren Ohren wenig Staat machen können, stattdessen beispielsweise die Gerte heben, kann das *»Geh auf Abstand«* heißen, oder dass wir jemandem am Rand des Reitplatzes winken, uns die Mütze zurechtrücken oder gedankenlos mit dem Werkzeug in unserer Hand herumspielen. Wir sind es nicht gewöhnt, so einfach zu denken wie Pferde, verwirren sie mit hundert Informationen gleichzeitig und machen ihnen damit oft unbeabsichtigt Angst. Diese Angst führt zu einer von drei unerwünschten Verhaltensweisen: Die Pferde meinen, sich vor uns schützen zu müssen, beißen und treten, sie suchen ihr Heil teilweise kopflos in der Flucht oder sie frieren ein, machen keinen Schritt mehr freiwillig und gelten deshalb als faul und stur.

Ich habe als Jugendlicher gelernt, bissigen Pferden eine kochend heiße Rübe hinzuhalten, damit sie sich daran das Maul verbrennen. Ein Patentrezept gegen das Beißen, hieß es damals. Heute würde ich sagen, ein Patentrezept zur Verstärkung von Angst, zur Einschüchterung und damit zur Zerstörung von Vertrauen. Von den körperlichen Schmerzen ganz abgesehen. Vordergründig scheint so etwas leider manchmal zu funktionieren, aber wenn Pferde dann schreckhaft bleiben, sich Hospitalismen wie Weben oder das Knirschen auf der Trense angewöhnen, stellt man es selten in einen Zusammenhang damit, dass man ihnen seinen Willen aufgezwungen hat. Diesen Zusammenhang kann es aber durchaus geben. Kann – nicht muss! Ich habe in meinem Leben leider oft auf Pferde draufgehauen, ohne ihnen vorher die Chance gegeben zu haben, zu verstehen, dass beispielsweise die gehobene Gerte *»Geh auf Abstand«* heißt.

Bei meinem ersten eigenen Pferd bin ich auf all das natürlich nicht mal ansatzweise gekommen. Blanck gab es an den Händler zurück, von dem er es mit dem Geld meiner Mutter gekauft hatte. So sagte er es uns zumindest. Als kurz darauf ein Gast in unserer Pension erzählte, er würde ein möglichst billiges Pferd kaufen wollen, bin ich sofort aufs Fahrrad gesprungen und mit Höchstgeschwindigkeit in den Stall geradelt. Ich habe meinen Drahtesel so sehr angetrieben, dass ich ganz aus der Puste dort ankam und meine Frage, wo der Gast unser Pferd angucken könne, nur stoßweise, zwischen den Worten nach Luft schnappend, vortragen konnte. Blanck guckte mild lächelnd auf mich herab, streichelte mir kurz übers Haar und sagte: »Ach Jungchen, der ist doch längst in der Wurst.«

Ich fühlte mich wie bei den aus dem Ruder gelaufenen Besuchen meiner Freunde: ohnmächtig, verzweifelt und wütend auf meine Mutter und auf mich selber. Hätte ich, hätte meine Mutter nicht besser auf unser Pferd aufpassen können? Es war ungefähr so wie nach meiner vierten Reitstunde. Da sollten wir Anfänger ernsthaft unseren ersten Galoppversuch machen: Der bei Blanck angestellte Reitlehrer, Herr Stöckel, hatte uns theoretisch beschrieben, wie eine Galopphilfe funktionierte. Praktisch drückte und quetschte ich mit den Beinen – und es passierte fast gar nichts. Mein Pferd machte zwei, drei schnellere Schritte im Schritt und schlurfte dann genauso weiter wie zuvor. Und weil ich die zweifelhafte Ehre hatte, an der Tete zu reiten, schlurften die anderen eben mit.

Nach der Stunde hörte ich, wie sich einer der anderen Anfänger über das entgangene Vergnügen beschwerte: »*Wolfgang kriegt sein Pferd nicht in Gang und wir müssen alle auf den Galopp verzichten* ...« Da kauerte ich aber schon heulend neben der Futterkiste auf dem Stallboden. Weil ich in meiner vierten Reitstunde zu unfähig, zu blöd, zu ungeschickt zum Galoppieren war, schmiss ich mich der Verzweiflung in die Arme und dachte, ich lern' das nie. Es war nicht mehr nur die Angst, dass ich versagen könnte. Es war vielmehr tatsächlich passiert: Ich hatte versagt! Und wie! Der Stolz, den ich zu Beginn der Stunde, als Stöckel mich an die Spitze der Abteilung setzte, empfunden hatte – verflogen.

Ähnlich mies und klein fühlte ich mich, als ich bei einem unserer heimlichen Wagenrennen mit dem Gärtnereipferd endlich mal die Zügel halten durfte und dann voll über einen Feldstein donnerte. Und als der Nachbar mir als Vierjährigem mitteilte, wie krumm und schief ich auf dem Pferd hockte. Eigentlich war da ja schon klar, dass ich zu ungeschickt zum Reiten war. Ich hätte es lieber gar nicht erst versuchen sollen.

Dabei hatte der Unterricht für mich so vielversprechend begonnen: In der ersten Stunde wechselte ich mich mit drei oder vier anderen Jugendlichen an der Longe ab. In der zweiten Stunde drehten wir erste Runden auf einem abgesteckten Viereck. Und obwohl wir eigentlich genug damit zu tun hatten, uns überhaupt im Sattel zu halten, haben wir uns da schon gegenseitig kritisch beäugt, unsere Leistungsfähigkeit verglichen und statt nach den Stunden darüber zu reden, ob Reiten Spaß macht oder nicht, ging es darum, wer von uns die beste Figur abgegeben hatte.

Damals mochte ich diese Gespräche, denn ich heimste Lob von allen Seiten ein, auch von unserem Reitlehrer. In der dritten Stunde zahlte es sich für mich so richtig aus, dass ich nahezu täglich in Blancks Stall radelte, dort beim Ausmisten und Pferdeputzen half und so oft es ging Mäuschen spielte: Wann immer vor allem erfahrenere Reiter Unterricht hatten, hockte ich am Rand des in einem Obstgarten abgesteckten Feldes und beobachtete sie.

Lob von allen Seiten

Anfangs hatte ich das Gefühl, sie säßen einfach bewegungslos im Sattel und ihre Pferde würden aus eigener Motivation so elegant über den improvisierten Reitplatz schweben. Dann aber fiel mir die Sache mit dem Leichttraben auf. Ganz anders als wir es heute unterrichten, lernte ich beim Traben als Erstes das Aussitzen und das war auch mit meinem guten Balancegefühl eine ziemlich wackelige Angelegenheit.

Im Unterricht der Fortgeschrittenen entdeckte ich, dass das Aufstehen und das angedeutete wieder Hinsetzen einem Takt folgte, den das Pferd vorgab. In meiner dritten Reitstunde probierte ich es aus und kann mich an diesen Rausch, das Hochgefühl, wenn etwas Schweres plötzlich leicht wird, bis heute erinnern. Bei den ersten Versuchen aufzustehen und beim nächsten Schritt des Pferdes in den Sattel zurückzugleiten, biss ich mir auf die Zunge, krampfte die Fäuste um den Zügel und bohrte mir meine Fingernägel in den Handballen, aber als ich den Takt gefunden hatte, schien die körperliche Anspannung wie ein schwerer Umhang von meinen Schultern zu rutschen. Ich konnte mich aufrichten und hatte plötzlich das Gefühl, ewig so unterwegs sein zu können: vorwärts, vorwärts, aufstehen, hinsetzen, aufstehen, hinsetzen, weiter, immer weiter …

Hatte ich in den ersten beiden Stunden beim Aussitzen das Gefühl, lieber schnell wieder in den Schritt wechseln zu wollen, konnten die Trabstrecken jetzt gar nicht mehr lang genug sein. Nach dieser Stunde wollten die anderen Anfänger Tipps von mir, um auch so elegant traben zu können und Stöckel lobte mich: »*So schnell hat das bei mir noch keiner gelernt.*« Bei ihm? Egal, ich war so beschwingt, dass ich über diese Formulierung hinwegsehen konnte. Ich hatte mir das Leichttraben selber beigebracht! Dann kam die vierte Stunde, der verpatzte Galoppversuch, und alles kehrte sich ins Gegenteil: Ich war halt doch zu blöd.

Meine sechste Stunde im Sattel verlieh mir dann wieder Flügel: In unserem Nachbardorf wurde ein großes Fest zum Saisonauftakt gefeiert und Blanck bat mich, mit seiner Frau, Stöckel und ihm dort hinzureiten, um Werbung für seinen Stall zu machen. Ein Ausritt! Ein richtiger Ausritt und ich durfte als einziger Schüler mit! Wobei – ich konnte ja noch nicht galoppieren. Ich weiß es nicht mehr genau, aber scheinbar erwartete ich, dass wir beim Ausreiten vom Start bis zum Ziel im wilden Galopp unterwegs sein würden und fürchtete, dabei wieder der Klotz am Bein der anderen zu sein. Sollte ich lieber nicht mitreiten? Ich habe nichts weiter gesagt, sondern mir von Blanck einen Platz in unserer kleinen Abteilung zuweisen lassen und einfach versucht, mit den anderen dreien mitzuhalten. Wir ritten nicht schneller als Trab, und weil ich mich dabei ja wunderbar sicher fühlte, fing ich unterwegs langsam an, auszuatmen und meinen ersten Ausritt richtig zu genießen: vorwärts, vorwärts, weiter, immer weiter ...

Am Festplatz wurde es noch besser: Dort hielten ein paar Würdenträger Ansprachen und wir standen, auf unseren Pferden sitzend, fast neben ihnen. So, dass uns jeder sehen konnte. Ob das »Fußvolk« nur wegen des Höhenunterschiedes zu uns Reitern aufschaute oder nicht, ich fühlte mich wichtig, stolz und, ich glaube, das ist das passendste Wort, wahrgenommen. Ich muss nahezu im Kreis gegrinst haben. Am liebsten hätte ich meine Mütze geschwenkt und laut in die Menge gerufen: »*Und das hier ist erst meine sechste Stunde im Sattel!*« Ich schwebte gefühlt und ganz praktisch eineinhalb Meter über allen anderen.

Auf dem Rückweg schien mir das auch sofort ein bisschen zu Kopfe gestiegen zu sein: Als wir trabten, trieb ich mein Pferd stärker an, zog an den anderen vorbei und setzte mich, sehr stolz auf mein Leichttraben, an die Spitze der Abteilung. Stöckel sagte mir hinterher, ich hätte dabei so gestrahlt, dass er meinen kleinen Ausbruch verzeihlich fand. Blanck aber rief mich zur Ordnung: »*Hey, auch im Gelände gelten Regeln. Und die oberste ist, dass alle an ihrem Platz bleiben!*« Ohne Stöckels nette Worte, und vor allem ohne sein Lob (»*Du hast das mit dem Traben wirklich gut raus*«), hätte mir schon dieser kleine Anpfiff den ersten Ausritt meines Lebens verhagelt. Ich kann wirklich nicht behaupten, nicht schon früh erfahren zu haben, dass das Reiten ein ständiges Wechselbad der Gefühle ist. Zumindest solange es dabei mehr um die Leistung, als um den Spaß an der Freud geht. Aber bis ich das nicht nur erkannt, sondern auch halbwegs verinnerlicht hatte, sollte es noch ein paar Jahrzehnte dauern.

Drei Pferde als Einnahmequelle

Ob wir zumindest den Schlachtpreis, den mein erstes Pferd brachte, von Blanck zurückbekamen? Ich weiß es nicht mehr. Ich weiß nur, dass wir ein Jahr nach Eröffnung seines Stalls und damit auch ein Jahr nach Eröffnung unserer Pension drei der Schulpferde von ihm übernahmen.

Blancks Rechnung war nicht aufgegangen, der Reitstall ernährte seine Familie nicht und so beschloss er, sein Glück anderswo zu suchen und nach Australien auszuwandern.

Siggi, Porta und Arabella blieben bei uns. Die drei Trakehner zogen in eine kleine Holzhütte unterhalb unseres an einem Berg gelegenen Gästehauses. Den arbeitslos gewordenen Reitlehrer Stöckel nahmen wir quasi gleich mit auf. Zumindest für ein halbes Jahr, in dem er uns in den Umgang mit Pferden einweisen sollte. Bei uns waren die Tiere Teil einer Mischkalkulation. Damit die aufging, bin ich, wenn unsere Gäste beim Abendessen saßen, von Tisch zu Tisch gegangen und habe versucht, sie zu kleinen Ausritten zu überreden. Fremde Leute anzusprechen gehörte für mich zwar auch in die Kategorie »*lieber nicht*«, aber wenn ich die Pferde behalten wollte, mussten sie Geld verdienen.

Um es den Gästen leichter zu machen, führten Stöckel und ich das Reiten mit Handpferd ein. Das heißt, wir nahmen die Pferde der Gäste an einen Strick und ritten so mit ihnen spazieren. Sie wurden also mehr transportiert, als dass sie selber etwas getan hätten, aber es gefiel ihnen, und das war die Hauptsache.

Heute würde ich sagen, dass diese Art des Reitens den Pferden zumindest keine Angst macht. Sie haben eine klare Führung, orientieren sich an dem Pferd und dem Reiter neben ihnen und der Mensch in ihrem Sattel stört dabei im Idealfall nicht weiter. Auch als wir später abteilungsweise mit Gästen ins Gelände ritten, bewährte es sich, den Pferden eine Ordnung beizubringen, an der keinesfalls gerüttelt werden durfte.

Chaos brach dabei meistens nur aus, wenn jemand sein Pferd dadurch verunsicherte, dass er den zugeteilten Platz verließ oder selber über das Tempo bestimmen wollte. Dazu kam, dass die Pferde im Sommer vier Stunden am Tag ins Gelände gingen und schon das Motto »*Das Leben ist zu kurz, um es im Schritt zu vertrödeln*« dafür sorgte, dass sie für eigene Wünsche wenig Kraft übrig hatten.

Im Galopp in Richtung Vogelfluglinie

Meinen ersten Ausritt allein machte ich rund um meine zehnte Reitstunde. Da war ich beim Satteln noch so unsicher, dass ich Blancks Familie beim Nachmittagskaffee stören und bitten musste, dass jemand überprüfen möge, ob ich Porta, einer sehr friedlichen Trakehnerstute, den Sattel richtig aufgelegt hatte. Ich ritt bestens gelaunt auf ein Stoppelfeld und da merkte ich zum ersten Mal, welche Kraft und Geschwindigkeit so ein Pferd entfalten kann – und wie wenig ich beides im Griff hatte. Beim Reiten in der Abteilung hatte ich mich ständig von meinem Vorreiter gegängelt gefühlt, dabei aber übersehen, wie hilfreich dessen Führung war.

Endlich alleine losgelassen, war es meine Idee, auf dem Feld bis zur Bundesstraße zu galoppieren und in einem eleganten Bogen auf der anderen Seite zurückzureiten. Ich begann noch ziemlich sicher, irgendwie bekam ich die Galopphilfe inzwischen hin, merkte dann aber, dass Porta mit meiner Vorstellung vom eleganten Bogen nicht viel am Hut hatte. Wahrscheinlich konnte sie mein immer verzweifelter werdendes Ziehen am linken Zügel einfach nicht verstehen. Ich muss ihr mit meinem ganzen Gewicht im Maul gehangen haben und sah uns trotzdem schon über die damals autobahnähnlich stark befahrene Bundestraße, die sogenannte Vogelfluglinie, galoppieren. Ein Albtraum!

Kurz bevor diese Katastrophe tatsächlich passierte, schlug Porta einen Haken und raste mit mir seitlich am Sattel hängend zurück gen Heimat. Ich weiß nicht mehr genau wie, aber ich habe mich, wahrscheinlich am Zügel, wieder nach oben gezogen. Dass sich ein Pferd nicht lenken lassen und dann auf eigene Faust einen Haken schlagen könnte – auf diese Idee wäre ich im Traum nicht gekommen. Auch wenn ich ganz knapp nicht auf dem feuchten Ackerboden gelandet war, hat es mich so sehr erschreckt – das Thema alleine ausreiten war erst mal erledigt. Da hatte ich mich darauf gefreut, ohne die Beschränkungen durch einen Vorreiter, endlich so unterwegs zu sein, wie ich es mir vorstellte, und dann konnte ich schon froh sein, mitmachen zu dürfen, was mein Pferd wollte.

KAPITEL 3

Als Komparse auf dem Treck

*»Drei Pferde, tausend Mark
und ein bisschen Todesangst.«*

Es war ungefähr so, als würde mir heute jemand zehntausend Euro für eine Woche Arbeit mit Pferden anbieten: Mitte der 1950er-Jahre kam Heinz Galow, Reitstallbesitzer aus dem benachbarten Pansdorf, auf unseren Hof und winkte mit einem wichtig aussehenden Brief. Er marschierte in unsere Küche und fragte meine Mutter, die gerade in Kittelschürze und Kopftuch Kuchenteig ausrollte, ob wir Lust hätten, in ein paar Tagen tausend Mark zu verdienen. Tausend Mark, das sind heute fünfhundert Euro. Es war damals eine unvorstellbare Summe. Zu der Zeit kostete die Übernachtung in unserer Pension mit Vollverpflegung um die vierzehn Mark (sieben Euro) und eine Stunde Ausreiten fünf Mark, umgerechnet 2,50 Euro. Tausend Mark in einer Woche! Ich sehe meine Mutter noch mit großen Augen unter dem in die Stirn gezogenen Kopftuch hervorblinzeln. Eine seriöse Arbeit konnte das ja schon mal nicht sein. Oder doch? In den Filmstudios Bendestorf, südlich von Hamburg, wurden zwei- und vierbeinige Komparsen für den Spielfilm *»Das Mädchen Marion«* gesucht.

Es ging um ein krankes Fohlen, ein junges Mädchen, Irrungen, Wirrungen und um die große Liebe in Zeiten des Krieges. In den Hauptrollen spielten Winnie Markus, Carl Raddatz und Dietmar Schönherr. Von der eigentlichen Handlung bekamen wir allerdings gar nichts weiter mit. Denn was den Kinobesuchern im Herbst 1956 das Herz erwärmte, war für die Komparsen, und damit auch für mich, eine im wahrsten Sinne des Wortes eiskalte Angelegenheit. So kalt, dass ich mit Erfrierungen zweiten Grades und sich ablösenden Zehennägeln von den Dreharbeiten zurückkam.

Die Evakuierung des Gestüts Trakehnen

Das Abenteuer, für das ich ein paar Tage schulfrei bekam, begann schon auf der Fahrt: Es war im Januar oder Februar 1956. Ich war sechzehn Jahre alt, saß noch keine zwei Jahre im Sattel und marschierte nun, in etwas zu engen Gummistiefeln, mit einem Rucksack auf dem Rücken und drei Pferden an der Hand ins knapp drei Kilometer entfernte Scharbeutz. Es schneite ein bisschen. Am Bahnhof traf ich Galow und Fritz Grommelt, der ebenfalls einen Reitstall besaß, und wir verluden unsere insgesamt zwölf Pferde in einen Eisenbahnwaggon. Sechs auf jeder Seite, mit den Köpfen zum Mittelgang, wo wir auf einer Handvoll losem Stroh hockten.

Eigentlich kein Problem, hätte es nicht einen Kälteeinbruch mit Schneeverwehungen und zugefrorenen Gleisen gegeben. Ich meine, wir fuhren in Scharbeutz am späten Vormittag im leichten Schneegriesel los und sollten nachmittags in Bendestorf sein. Tatsächlich ging schon nach zwanzig Kilometern, in Lübeck, nichts mehr. Schnee blockierte die Gleise, im Rangierbahnhof waren bei minus zwanzig Grad die Weichen eingefroren. Wir saßen zusammengekauert in unserem natürlich ungeheizten Güterwaggon buchstäblich auf einem Abstellgleis. Ich weiß noch, dass es sich so anfühlte, als würde mir das Mark in den Knochen einfrieren. Es war kaum auszuhalten. Abends machten Galow und ich uns auf die Suche nach einem Ort, an dem wir uns zumindest ein bisschen aufwärmen konnten. Grommelt blieb als Aufpasser bei den Pferden.

Wir entdeckten eine kleine Bahnwärterkantine und als wir dort nach vielleicht einer Stunde wegen Geschäftsschlusses hinausgefegt wurden, war das Gleis, auf dem unser Waggon gestanden hatte, leer. Er war weg, einfach verschwunden, als hätte er sich mit Mann und Maus in Luft aufgelöst. So weit das Auge in der spärlichen Beleuchtung reichte, sahen wir nur von Schneebergen eingerahmte Schienen. Und keine Menschenseele weit und breit, die wir hätten um Rat fragen können. Ich fühle jetzt noch, wie mir das Herz immer tiefer in die Hose rutschte: Die Pferde waren unser Kapital. Was tun, wenn ich statt mit den erhofften tausend Mark auch noch ohne Arabella, Siggi und Porta zurückkäme? Ich war den Tränen nahe. So leicht verdient sich Geld eben doch nicht! Ich hätte mich auf diese ganze Aktion lieber nicht einlassen sollen. Alles großer Mist!

Vor Kälte und Angst um unsere Pferde zitternd, tappten wir durch den knietiefen Schnee oder trippelten mit unseren dafür denkbar ungeeigneten Schuhen, meine Gummistiefel hatten eine ziemlich glatte Sohle, über die vereisten Gleise. Mitten in die Totenstille hinein riefen wir immer wieder nach Grommelt, bekamen aber keine Antwort. Erst am anderen Ende des riesigen Bahngeländes wurden wir fündig: Obwohl an unserem Waggon ein Reisigbesen, damals das Zeichen für lebende Tiere, angebunden war, hatte ihn ein wohl übereifriger Lokführer auf einen Rangierhügel geschoben. Von dort ließ man Güterwagen mit Wucht auf einen, am Fuß des kleinen Berges stehenden Zug donnern – angekoppelt! Kein Problem beim Transport von Kohle, Wolle oder Getreide. Aber was war mit unseren Pferden? Und wie ging es ihrem Aufpasser?

Wir haben ganz vorsichtig die schwere, seitliche Waggontür aufgeschoben und dort, wo wir Grommelt erwartet hatten, auf dem Mittelgang, schob sich uns das Hinterteil eines Pferdes entgegen. Alle zwölf hatten sich losgerissen. Grommelt lag irgendwo zwischen ihren Beinen. Er hatte sich einen Zahn ausgeschlagen und das Handgelenk angeknackst. Schmerzhaft, aber kein Grund, auf die versprochene

Gage zu verzichten. Den Pferden war zum Glück nichts passiert. Irgendwann in der Nacht ging die Fahrt weiter, gegen fünf Uhr morgens waren wir am Ziel.

Dort hatte man eine Halle, in der sonst ganze Straßenzüge oder ähnliche Kulissen für Dreharbeiten aufgebaut wurden, zum Stall umfunktioniert. In provisorischen Ständern warteten rund hundert in ganz Norddeutschland zusammengetrommelte Pferde auf ihren Einsatz. In dieser Halle war es, im krassen Gegensatz zur Witterung, so warm wie in einer gut geheizten Stube, locker zwanzig Grad. Für die Pferde so sehr zu warm, wie es für uns Menschen draußen zu kalt war. Ein Temperaturunterschied von vierzig Grad.

Der Film beginnt mit der Evakuierung des Gestüts Trakehnen. Wir stellten den Treck nach, der sich um den Jahreswechsel 1944/45 auf den Weg gen Westen machte. Wie in dem tatsächlichen Kriegswinter war es auch während der Dreharbeiten so kalt, dass keiner von uns Komparsen geschminkt oder sonst wie zurechtgemacht werden musste. Ich weiß noch, dass ich mich immer wieder fragte, wie die Flüchtlinge diese Qualen damals tatsächlich aushalten konnten? Bei eisiger Kälte, mit der feindlichen Armee im Nacken.

Wie barfuß auf dem Eis

Sechs oder sieben Tage mussten wir uns mit unseren Pferden morgens um acht Uhr auf einem Feld vor dem Studiogelände versammeln. Um uns herum baute die Filmcrew Kameras, Scheinwerfer und ich weiß nicht was noch alles auf. Ab und zu wurden wir herangerufen und mussten probehalber ein Stück mit unseren Pferden durch den Schnee stapfen. Mal etwas schneller, mal langsamer, mehr rechts, enger zusammen, weiter auseinander …

Dann standen wir wieder eine Stunde lang zitternd im tiefen Schnee herum. In meine etwas zu engen Gummistiefel passten nur dünne Socken. Es war ein Gefühl, als würde ich barfuß über Eis laufen. Kein Wunder, dass ich blutige, schwarz verfärbte Beulen, eben Erfrierungen zweiten Grades, mit nach Hause nahm. Noch schlimmer waren nur die beiden sich gegenüberstehenden Windmaschinen: Ein großer Motor und ein komplettes Flugzeug mit einem riesigen Propeller, in den unablässig Schnee geschaufelt wurde. Sie sorgten für heftigen Sturm, der weit über das Feld und über unseren Weg wirbelte. Als würde ein Hubschrauber dauerhaft einen Meter über dem Boden kreisen. Die Schneeflocken tanzten vor unseren Augen, wir konnten kaum geradeaus gucken.

Die Motoren waren so laut, dass wir die Ansagen des Aufnahmeleiters nicht verstanden, der künstlich fabrizierte Sturm riss an unseren Mänteln – und die Pferde an ihren Führstricken. Für Nahaufnahmen mussten wir eine lange Reihe bilden, in der jeder Komparse bis zu sechs Tiere, drei rechts, drei links, über den vielleicht vierzig Meter schmalen Weg zwischen den röhrenden, schneespuckenden Maschinen führen sollte. Und das, wo meine Arabella schon panisch wurde, wenn eines der damals noch seltenen Autos in Schrittgeschwindigkeit an ihr vorbeifuhr.

Die meisten Pferde wollten einfach nur weg. Bestenfalls tänzelten sie, größtenteils tobten sie regelrecht um uns herum, stiegen, bissen sich gegenseitig, sprangen mal von uns weg, mal einfach auf uns zu. Es war ein Albtraum und so gefährlich, dass ich zwischenzeitlich sogar die Frostbeulen an meinen Füßen vergaß.

Zu unserem Glück wurde irgendwann der Hauptdarsteller, der den Treck anführte und damit zumindest keine keilenden Hinterteile vor sich hatte, von seinen tobenden Pferden umgerissen. Sie sollten als Erste durch die Gasse zwischen den Windmaschinen gehen und

Anya und ihre Lissa: Das Zitat »*Wenn wir reiten, dann leihen wir uns die Freiheit*« gilt besonders, wenn im Winter nur Möwen den Strand von Scharbeutz bevölkern.

Seit fünfzehn Jahren bewerben sich Pferdewirtschaftsmeisterin Anya und ich um Lissas Vertrauen: Inzwischen ist für sie die Welt besonders in Ordnung, wenn Anya auf ihrem Rücken sitzt.

»*Na Kleiner, willst du auch mal?*« Meine Schwester Ursula (li.) lieh sich 1954 mit Freunden bei Blanck Pferde zum Ausreiten. Ich durfte damals in kurzer Hose nur Probe sitzen.

Mein erstes richtiges Reiter-Bild: 1955, ich war sechzehn Jahre alt, zogen die ersten drei Pferde auf unseren Hof. Darunter auch die Trakehner-Stute Porta, auf der ich hier zu sehen bin. In meiner vierten Unterrichtsstunde durfte ich sie an der Spitze unserer Anfängerabteilung reiten und scheiterte kläglich an dem Versuch anzugaloppieren.

Jugendreiterprüfung auf Fehmarn: Der zweite Platz bei meinem ersten Turnier.

Meine schnelle Tänzerin La Jana: Mit ihr ritt ich ab 1956 Jagden und Turniere.

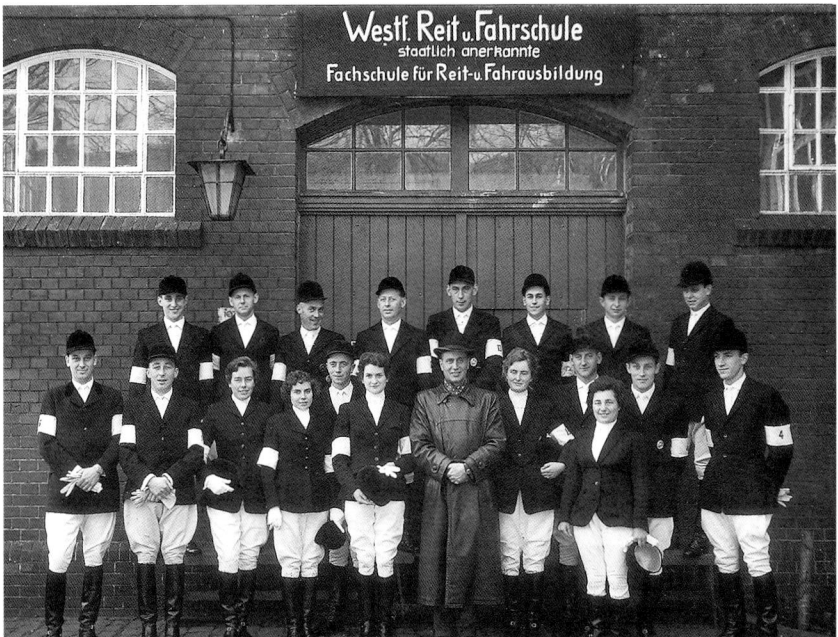

Strammstehen in Münster: Vierundfünfzig Jahre nach der Prüfung zum Hilfsreitlehrer erinnerte sich Schulleiter Paul Stecken (Mitte) noch an *»so einen kleinen Schwarzhaarigen«* (hintere Reihe, 3. v. re.).

Holsteiner kennen keine Grenzen: Den Landgraf-Sohn Landvogt ritt ich in Dressurprüfungen. Ein wirklich grenzenloses Pferd, das vor meinen Augen aus einem geschlossenen Hänger und über bandenhohe Hallentüren sprang. Er gehörte meinem Schüler Achim Schulz, der 1980 mit ihm schleswig-holsteinischer Landesmeister der Springreiter wurde.

Springgymnastik mit Rex: Sein Besitzer war mit siebenundsechzig Jahren mein ältester Reitanfänger.

V

Mein größter Edelstein: Cohinoor bildete ich bis auf M-Niveau in Springen und Dressur aus. Dann bot ein durchweg unsympathischer Pferdehändler ein kleines Vermögen für ihn.

»*Du bist für das verantwortlich, was du dir vertraut gemacht hast*«. Nachdem ich Cohinoor verkauft hatte, begrub ich meine Idee, Pferde liebevoll auszubilden und dann abzugeben.

Vollzeitjob Großmutter: Meine Mutter Magda mit Marcus und Andreas Ende der 1970er-Jahre.

Egal, ob es Beschwerden hagelt oder Beifall: Seit 1967 steht Kari hinter mir. Unverrückbar.

Sie konnte mit den Großen mithalten: 1983 war meine Schülerin Friederike die achtbeste Ponyreiterin Deutschlands. Trotzdem hängte sie den Sattel Mitte der 1980er-Jahre an den Nagel.

Zu Besuch bei Freunden: Dreizehn Jahre war Gaston unser Herdenchef. Dann ließ ich ihn mit Tränen in den Augen in ein noch schöneres Leben zu Silvia (re.) nach Hamburg ziehen.

Seit sechzig Jahren mein Zuhause: Das rote Backsteingebäude wurde 1911 als Anlaufpunkt für Aussteiger, Freigeister und andere Sinnsucher gebaut. Fühle ich mich hier deshalb so wohl?

Das Ganze nochmal in Weiß: draußen eine sternenklare Winternacht mit Vollmond, drinnen ein prasselndes Kaminfeuer und immer wieder Pferdegeschichten.

In den 1980er-Jahren kam Bettina Eistel erstmals zu mir. Ohne Arme, aber mit Experimentierfreude, Lebenslust – und einem Pferd in großen Schwierigkeiten.

Rasant mit Cherubin: Einen Zügel führt sie im Mund, zwei an den Steigbügeln. Das ist wirklich mal präzise Beinarbeit. So glänzte sie unter anderem bei den Paralympics in Athen.

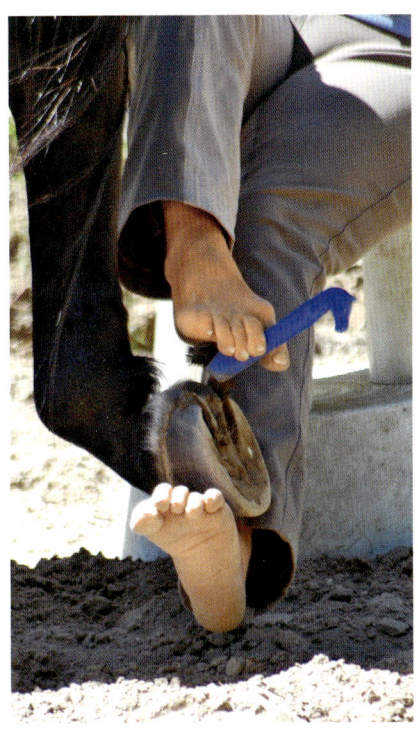

Fuß an Huf: Bevor ich Bettina kennenlernte, habe ich schon die Geduld verloren, wenn ein Pferd beim Hufeauskratzen zweimal das Bein wegzog. Bettina übt so etwas systematisch. Bis ihr Gershwin gelernt hatte, den Kopf zu ihr abzusenken und aus ihren Füßen die Trense entgegenzunehmen, dauerte es acht Monate.

Grenzen sind da, wo wir sie ziehen: Bei den Dreharbeiten für unsere DVD zeigte Bettina, was mit gesundem Menschenverstand und einem unbändigen Willen alles möglich ist.

»*Er ist doch unser Willy*«: Wildfang attackierte Menschen, verprügelte andere Pferde, stieg und verlor unter dem Sattel immer wieder die Beine. Als ich zum fünften Mal mit ihm gestürzt war, erklärte ich seiner Besitzerin Conny (Foto) und ihrer Mutter, nichts mehr für ihn tun zu können. Es sei denn, sie verabschiedeten sich von der Idee, ihn zu reiten.

Und sie reitet doch: Nach jahrelanger Bodenarbeit fand sich Wildfang auch unter dem Sattel zurecht. Erst mit Conny, dann mit ihrer Mutter. Selbst als diese dement wurde.

Jahrelang nur Bodenarbeit: Von den Pferden, die mich an den Rand des Wahnsinns gebracht haben, habe ich am meisten gelernt.

Als der Knoten geplatzt war, wurde Wildfang immer lernfreudiger. Wir hatten eine Gesprächsebene gefunden, auf der wir uns gegenseitig keine Angst mehr machten.

»You never walk alone.« Mit Silke (re.), Justy, Laura und Marie auf der „HansePferd" 2014. Währenddessen hielten Sascha, Sarah und Stella zu Hause den Betrieb in Schwung.

Seine Frau Bea Borelle war mal mit einem Hengst bei mir im Unterricht: Schule der Légèreté-Gründer Philippe Karl, seine Dolmetscherin Ilka Flegel und ich am Stand von Inge Vogel von »pferdia tv«(2. v. li.).

Silke erzählte immer wieder, dass sie schon als Kind die Finger von keiner »*Fellnase*« lassen konnte. Am 6. September 2014 ist sie gestorben. Mit fünfundfünfzig Jahren.

Expedition »*Nasse Füße für alle*«: Um zu zeigen, wie man Pferden unbekanntes Terrain schmackhaft machen kann, gingen Silke und ich bei den Dreharbeiten für unsere DVD mit Justy baden.

In der Natur kennen Pferde kein Signal zum Halten: Deshalb bremse ich heute nicht mehr, sondern nutze den Umkehrschub und treibe ins Rückwärts. Hier gebe ich Justy dafür optische Hilfen.

Anregen zur Bewegung oder einladen in die Pause: Das sind die Botschaften, die Pferde untereinander austauschen. Hier treibe ich Justy mit akustischer Hilfe rückwärts.

Von null auf bis zu fünfzig km/h in drei Sekunden: Das Anregen zu kraftvoller Bewegung, dieses Spiel mit der Energie, das ist für mich das Faszinierende am Umgang mit Pferden.

Einladen in die Pause: Auch von Justy lernte ich, dass die am stärksten wirkenden Pferde oft den meisten Halt brauchen. Er ist eben auch ein Herdenchef mit Hasenherz.

Für mich gibt es keine schwierigen Pferde, es gibt nur Pferde in Schwierigkeiten: so wie Stern. Von meinen zwölf Schulpferden braucht er die meiste Unterstützung. Deshalb reite ich ihn so gern.

waren so in Panik, dass sie in alle Richtungen auseinandersprangen. Der Schauspieler lag, krampfhaft bemüht, die Stricke weiter festzuhalten, zwischen vierundzwanzig wild herumspringenden Pferdebeinen und man konnte im tiefen Schnee nicht erkennen, ob sie auf ihn drauf oder zum Glück doch nur neben ihn traten. Zum Treck gehörten auch zwei oder drei frei laufende Fohlen und ich sehe noch vor mir, wie eines davon an der Spitze des Zugs auf seinen Storchenbeinen durch den Schnee galoppierte, während sich der Hauptdarsteller mühsam aufrappelte. Nach diesem Zwischenfall wurde beschlossen, dass drei Pferde pro Person reichen sollten.

Aber auch damit waren die meisten von uns in dieser Stresssituation völlig überfordert. Ich war es auf jeden Fall. Und die Pferde, die ich an der Hand hatte, auch. Ihre Panik vor den Windmaschinen, den Scheinwerfern, der ganzen Szenerie wirkte ansteckend und zog sich von vorne nach hinten durch den ganzen Zug. Um nicht auf die vor mir herumspringenden, kräftig nach hinten auskeilenden Pferde aufzulaufen, versuchte ich, meine Schützlinge mit ausgebreiteten Armen hinter mir zu halten. Ich drängte sie an der Brust zurück. Wenn sie mich anrempelten oder trotzdem an mir vorbeizogen, habe ich sie mal angeschrien, mal mit meinen zu Eisklumpen gefrorenen Füßen getreten oder ihnen die Strickenden um die Ohren geschlagen. Es war die pure Hilflosigkeit. Meine Kollegen um mich herum machten es nicht anders. Wo die Angst anfängt, hört die Empathie auf. Und ich hatte streckenweise wirklich Angst um mein Leben. Auf die Idee, dass es den Pferden mindestens genauso ging, bin ich nicht gekommen.

Wenn mir Reitschüler heute erzählen, dass ihre Pferde guckig und schreckhaft sind, bringe ich als Einstieg in unsere Arbeit oft das Beispiel von Pferden im Kriegs- oder heutzutage wieder im Polizeieinsatz. Wären sie nicht bereit, die Verantwortung für ihr eigenes Leben komplett in die Hände ihrer Reiter zu legen, könnte kein berittener Polizist dieser Welt beispielsweise singende, fahnenschwenkende, vielleicht auch mal Bierdosen schmeißende Fußballfans begleiten. Heute bin ich überzeugt, dass Pferde sogar zutiefst dankbar sind, wenn sie jemanden finden, den sie für kompetenter halten als sich selbst. In der Natur ist das jedes ranghöhere Mitpferd. Menschen können diese Rolle auch übernehmen – wenn sie sich als vertrauenswürdig und berechenbar erweisen.

Grundkommunikation

Im Sommer 2012 wurde ich zum ersten Mal eingeladen, auf einer Messe, auf der »*Pferd & Jagd*« in Hannover, vorzustellen, wie wir mit unseren Pferden arbeiten. Über diese Möglichkeit haben sich in meiner Familie und in meinem Team so ziemlich alle riesig gefreut – nur ich irgendwie nicht. Da war er wieder, dieser Gedanke »*lieber nicht*«. Aber ich hatte damals gerade »*Mut tut gut*« von Theo Schoenaker gelesen und gemeinsam mit meiner inzwischen leider verstorbenen Kollegin Silke überlegte ich, wie aus »*lieber nicht*« ein »*oh ja!*« werden könnte. Der Grund, weshalb ich diese Geschichte hier erzähle, ist, dass wir ein Pferd so auf diesen Messeauftritt vorbereitet haben, wie ich es heute auch tun würde, wenn ich nochmal auf die verrückte Idee käme, mit Pferden zwischen röhrenden Flugzeugmotoren spazieren gehen zu wollen.

Egal was ich so vorhabe, als Erstes baue ich eine Grundkommunikation auf, erkläre dem Pferd meine Art, mich auszudrücken. Früher habe ich mir nicht ansatzweise Gedanken darüber gemacht, wie ein Pferd mich überhaupt verstehen kann. Ich erwartete einfach, dass es schon wissen würde, was ich wollte. Zum ersten Mal stutzig wurde ich, als wir eine Japanerin zu Gast hatten, die mit meiner Stute

Melodie Japanisch sprach und ich mich bei dem Gedanken erwischte, wie das arme Pferd das denn verstehen solle. Als ob es mit meinen Erklärungen »*Komm her!*«, »*Komm geh!*«, »*Komm, lass das!*«, «*Komm, stell dich nicht so an*« mehr anfangen könnte. Pferde lernen schon im Fohlenalter von ihren Müttern und anderen Artgenossen, wie Pferde miteinander kommunizieren. Ich bin überzeugt, dass jeder, der eine Sprache lernen kann, auch die Begabung hat, Fremdsprachen zu lernen. Um mit Pferden ins Gespräch zu kommen, benutzen wir deshalb eine Kunstsprache, die wir ihnen Stück für Stück erklären.

Die Kommunikation beginnt für mich immer bereits in der Box oder auf dem Paddock, je nachdem, wo ich erstmals in den Wahrnehmungskreis des Tieres trete. Schiebt es beispielsweise schon an der Boxentür an mir vorbei nach draußen, dränge ich es immer wieder zurück. Meine Pferde haben dafür alle ein Signal gelernt, einen langgezogenen Zischlaut, »*Zzzzzzzz*«, abgeleitet vom Wort zurück, auf den hin sie rückwärtsgehen. Schon durch das Zurückdrängen melde ich meinen Führungsanspruch an. Wer einem anderen Pferd Raum zuweisen, es zu Bewegung veranlassen kann, der führt. Wenn der Herdenchef beschließt, sich direkt hinter dem Weidetor dem Grün zu widmen, werden seine rangniedrigeren Kollegen eher auf das Gras verzichten, als ihn beiseitezuschieben. Wenn dagegen ein ranghohes Pferd beispielsweise den Paddock betritt, machen ihm die anderen Tiere einfach Platz. So emotionslos, wie wir beispielsweise ins Trockene gehen, wenn es regnet. Deshalb setze ich meine Erklärungen nach dem Verlassen der Box beispielsweise auf der Stallgasse fort: Ich vermittle dem Pferd meine Art mich auszudrücken, indem ich es immer wieder zu kleinen Bewegungen, zum Ausweichen veranlasse. Und sei es, dass ich erst mal nur den Pferdekopf zentimeterweise von mir wegschiebe. Dann kommt ein Schritt vorwärts, zwei rückwärts, zwei vorwärts, drei zurück …

Das klingt jetzt sehr einfach – und genau darin liegt die Herausforderung. Ich sagte schon, dass wir es nicht gewohnt sind, so einfach zu denken wie ein Pferd und meistens hundert Dinge gleichzeitig tun, aus denen sich das Pferd die jeweils geltenden Anweisungen herausfiltern soll: Schnalzen gilt, Husten gilt nicht. Die Hand in Richtung Pferdekopf heben heißt »*Räum genau da deinen Kopf beiseite*« die Hand hochzunehmen und sich selbst die Frisur richten gilt nicht.

Der Zuruf »*Komm! Komm zu mir*« soll gelten, die Antwort »*Ich weiß nicht, wo dein Hufkratzer ist*« auf die Frage eines Reitkollegen hat für das Pferd keine Bedeutung ... Pferde müssen so viel raten, es ist ein Wunder, dass wir uns überhaupt mit ihnen verständigen können. Ich empfinde unsere Kommunikation wie ein Memory-Spiel, dass das Pferd lernen muss.

Doppelter Halt statt Kraft und Hebeltechnik

Mit unserem Justy, den Silke und ich für den ersten und auch für darauf noch folgende Messeauftritte ausgesucht hatten, übten wir diese Kommunikation in für das Pferd kribbeligen Situationen: beim Verladen, beim Waldspaziergang und schließlich am Strand. Justy war damals erst ein paar Monaten bei uns und, wie Silke sagte, sehr auf der Suche nach Orientierung. Um ihm den Ausflug auf eine Messe, das Publikum, die vielen fremden Pferde und so weiter nicht nur leicht, sondern sogar richtig schmackhaft zu machen, ließen wir ihn immer wieder erleben, dass er bei uns Sicherheit fand, dass er sich auf uns verlassen konnte.

Um ihm dabei doppelten Halt zu geben, führten wir ihn zu zweit. Silke rechts, ich links, so zogen wir mit dem aus der Mitte Deutschlands stammenden Wallach als Generalprobe für unseren Messeauftritt erstmals an den Strand. Eineinhalb Jahre später, bei den Dreharbeiten zu unserer DVD »*Pferde, wie von Zauberhand bewegt*« gingen wir mit ihm sogar ins Wasser. Ein großer Schritt für unsere Landratte. Ungefähr neunzig Minuten brauchten Silke und ich, um ihm die in der Sonne glitzernde Ostsee mit den sanft an den Strand rollenden Wellen schmackhaft zu machen.

Natürlich sollte ein Profi ein Pferd auch allein davon überzeugen können, sich ihm anzuschließen. Aber uns ging und geht es darum, es Mensch und Tier möglichst leicht zu machen. Und sowohl beim Üben als auch bei unseren Auftritten gab es anfangs schon mal Situationen, in denen ich allein hätte grob werden müssen. Beispielsweise als uns auf dem Weg zum Strand ein Schwertransporter entgegenkam, der einen in seine Einzelteile zerlegten Kran geladen hatte und von einer Polizeieskorte, natürlich mit Blaulicht, begleitet wurde. Wir standen gerade an der Straße zwischen Parkplatz und Strand und warteten darauf, dass die Fußgängerampel grün wurde, als Justy uns wissen ließ, dass er jetzt lieber das Weite suchen würde.

Allein hätte ich ihn mit Hebeltechnik und Krafteinsatz auf einen kleinen Zirkel ziehen und so am Weglaufen hindern müssen. Statt derart ins Kämpfen zu kommen, konnten wir ihm zu zweit einen relativ gleichbleibenden, stabilen Halt anbieten. Wir haben ihm erlaubt, rückwärts, von der Gefahr weg zu gehen und konnten ihn dann so stabilisieren, dass er sich das vorbeirollende Ungeheuer zwar nicht in Ruhe und Gelassenheit, aber zumindest äußerlich einigermaßen friedlich ansehen konnte. Hätten wir den Transporter noch ein paar Mal an uns vorbeifahren lassen können, Justy wäre immer entspannter geworden.

Mit einem Pferd, dass meine Grundkommunikation nicht versteht, mit dem ich nicht jederzeit einen Schritt vorwärts, zwei rückwärts und so weiter tanzen kann, würde ich meinen Hof heute gar nicht mehr verlassen. Geschweige denn, es in einen Zug laden und mit ihm in ein Fernsehstudio ziehen. Ich brauche heute die Sicherheit, es jederzeit und an jedem Ort, wie ein ranghohes Mitpferd, zur Bewegung veranlassen und wieder in die Ruhe einladen zu können. Aber wie war das damals? Ich war jung und brauchte das Geld. Das Geld und natürlich den Kick!

Denn wie das so ist, wenn brisante Situationen gut ausgehen – im Nachhinein ist man doch stolz auf das, was man geschafft hat. Ich habe meiner Mutter breit grinsend zehn Hundertmark-Scheine auf den Küchentisch geblättert und in der Schule konnte ich endlich mal etwas wirklich Cooles erzählen: »*Meine drei Pferde und ich haben mit ein bisschen Todesangst tausend Mark verdient.*« Ich war so dermaßen stolz, ich konnte die Frostbeulen an meinen Füßen wie eine Trophäe ansehen. Wenn auch als eine ziemlich schmerzhafte.

Der erste Messeauftritt

Auf unserer ersten Messe schlappte Justy mit Silke sogar zum Kaffeestand zwischen den Messehallen. Vor einem dort im Wind wippenden, haushohen aufblasbaren Weihnachtsmann posierte er für Erinnerungsfotos und nachdem er beim ersten Auftritt im Vorführring kaum von Silkes Seite wich, marschierte er am letzten der vier Messetage die Einzäunung der kleinen Arena entlang und fragte beim dahinter stehenden Publikum nach Streicheleinheiten und Leckerli. Ein Pferd, das es gelernt hat, bei seinem Menschen sicher zu sein, würde vielleicht noch nicht begeistert, aber zumindest bereitwilliger mit mir zwischen Flugzeugmotoren spazieren gehen und es wäre dabei weniger empfänglich für die Angst seiner Artgenossen. Einfach schon, weil es so auf mich konzentriert wäre.

Ich bin mir sicher, dass sich Pferde gern auf Ausflüge und Abenteuer mit Menschen einlassen. Sie sind von Natur aus neugierig und brauchen, wie wir auch, gewisse Herausforderungen. Wichtig ist dabei, dass wir die Rahmenbedingungen so organisieren, dass Zwei- und Vierbeiner ruhig ge-, aber niemals überfordert werden. Sodass es an-, aber nicht aufregend ist. Wie die Wortspiele schon zeigen, liegen diese Dinge sehr eng beieinander.

Beim Nachstellen des Trecks haben sowohl die Witterung als auch die von uns Menschen beeinflussbaren Rahmenbedingungen nicht gepasst, beziehungsweise wir Pferdebesitzer sind nicht mal auf die Idee gekommen, dass wir für so einen Ausflug Vorarbeit hätten leisten können. Mehr als fünfzig Jahre später war es für Silke und mich die selbstverständlichste Sache der Welt, ein Pferd, das uns beide noch nicht so gut kannte, auf das Abenteuer Messeauftritt vorzubereiten.

Silke spielt nicht mehr mit

Ich meine es war 1980, als sie, in Begleitung ihrer Mutter, zum Vorstellungsgespräch und zum Probereiten zu uns kam: Als Silke auf einem meiner Schulpferde, es hieß Sandor, saß, haben ihre Füße vor Aufregung so gezittert, dass ich das Bedürfnis hatte, ihr in den Steigbügel zu helfen. Ich sehe sie noch ganz behutsam mit Sandor Kontakt aufnehmen. Aus einem Pferd nicht einfach alles rauszuholen, was drin ist, sondern herauszufinden, was das Tier gern leistet, es zu motivieren, das gehörte zu ihren großen Stärken. Das sahen auch die Richter so, vor denen sie Mitte der 1980er-Jahre ihre Prüfung zur Bereiterin ablegte, und erwähnten es lobend in ihrer Beurteilung.

Um die vierunddreißig Jahre haben Silke und ich gemeinsam mit Pferden gearbeitet. Mit allen Höhen, Tiefen, Missverständnissen und Erfolgserlebnissen, die in einer so langen Zeit wohl normal sind. Manche Gäste sahen uns wie ein altes Ehepaar: teilweise sehr unterschiedlicher Meinung, spätestens wenn ein Außenstehender Kritik am jeweils anderen übte, aber untrennbar Seite an Seite. Wenn wir für unsere Schulpferde so etwas wie die Elternrolle hatten, war deutlich zu spüren, dass Silke den integrierenden, tröstenden, betreuenden Part hatte und ich eher fürs Ausprobieren, dafür mal was zu riskieren und für Abenteuer zuständig war. Dabei lag ich häufiger im wahrsten Sinne des Wortes auch mal daneben, also im Dreck, während Silkes große Sensibilität sie immer vorsichtiger sein ließ als mich. Eine ideale Mischung.

In ihrer Vorstellung auf unserer Homepage nannte sie ihre mütterliche Freundin Annedore Boog, Paul Stecken und mich als ihre prägendsten Reitlehrer. Und auch ich muss sagen, dass ihr Blick auf Pferde und Menschen für mich prägend war. Ich werde nie vergessen, wie sie neben einem Pferd, auf dem ich saß, stand und mich musterte: Ich war mit diesem Pferd relativ hart zu Werke gegangen und stolz darauf, mich wirklich durchgesetzt und gut präsentiert zu haben. Da sah sie mit einem Blick von unten zu mir herauf, der sich trotz des Höhenunterschieds anfühlte, als würde sie auf mich herabgucken und fragte: »*Wofür war das jetzt gut?*«

Wenn Silke mit Pferden arbeitete, bekam sie einen anderen Gesichts- und Körperausdruck. Einen mit sanftem Blick, glatter Stirn und Schultern, die ganz weit weg von den Ohren waren. Offen und hoch konzentriert zugleich.

Im Juni 2014 kam sie mit Herzrhythmusstörungen ins Krankenhaus. Am 6. September ist sie an den Komplikationen der leider unumgänglichen Herzoperation gestorben. Mit nur fünfundfünfzig Jahren. Kari hat bis heute Tränen in den Augen, wenn sie erzählt, wie Silke ihre Krankschreibung ins Büro brachte und mit einem etwas schiefen Lachen verkündete, sie würde sich jetzt gründlich behandeln lassen: »*Schließlich möchte ich hier ja noch ein bisschen mitspielen.*«

In der Todesanzeige, die wir in den »*Lübecker Nachrichten*« aufgaben, haben wir geschrieben »*Wir sind tieftraurig darüber, dass Silke ›nicht mehr mitspielt‹. Es hätte doch so gern ›noch ein bisschen‹ weitergehen können.*«

KAPITEL 4

Ausbildung bei Paul Stecken

*»Die Pferde sehen mir noch
recht frisch aus. Führen Sie weiter!«*

Eigentlich dachte ich schon mit ungefähr neun Jahren, dass ich alles über Pferde wüsste. Ich schwelgte in den Wild West-Romanen von Karl May und wenn lesen reisen im Kopf ist, war ich damals ein echter Globetrotter: In meiner Fantasie ritt ich mit Winnetou und Old Shatterhand durch die raue Felsenlandschaft der Rocky Mountains. Ich träumte davon, neben dösenden Pferden unter dem Sternenhimmel zu schlafen, das *»Tal des Todes«* zu durchstreifen und den Kampf um die geheime Karte, die den Weg zum *»Schatz im Silbersee«* wies, zu gewinnen ...

Dass ich dabei mindestens genauso toll reiten konnte wie die beiden Blutsbrüder war so sonnenklar, ich zog es keine Sekunde in Zweifel. Zumindest bis meine Freunde und ich unser theoretisches Wissen bei einem Ponyverleih am Strand von Scharbeutz einem Praxistest unterzogen. Dort konnte man sich für fünfzig Pfennig rundenweise von etwas älteren Kindern führen lassen. Als mich das für mein Pony zuständige Kind fragte, ob ich traben wollte, sagte ich natürlich ja – und erlebte eine riesige Enttäuschung: Das Gefühl, beim Reiten jederzeit in den Dreck fliegen zu können, war bei meinen Kopfkino-Ritten gen Sonnenuntergang nicht vorgekommen.

Mit keiner Silbe hatte Karl May erwähnt, wie sehr man bei den ersten Trabversuchen im Sattel hin und her geworfen wird. Und dass man fürchterliche Seitenstiche dabei bekommt. Bei ihm schienen alle Akteure zwischen Pferdebeinen und mit dem Wissen um einen festen

Knieschluss auf die Welt gekommen zu sein. Er schrieb, dass Old Shatterhand seine Beine so fest an den Pferdekörper pressen konnte, dass die Tiere zitternd unter ihm zusammenbrachen. Wofür auch immer das gut sein sollte, es hat mir schwer imponiert. Und eigentlich war der Plan, diesen super Knieschluss auf dem Pony am Strand ausprobieren.

Nur leider habe ich vor lauter Geschüttel, Geschaukel und Festkrallen in der Mähne überhaupt nicht mehr daran gedacht. Was für eine Pleite! Mal wieder kam ich mir ähnlich klein und ungeschickt vor, wie nach der Lästerattacke unseres Nachbarn. Nur dass ich für dieses Versagergefühl auch noch meine mühsam zusammengesparten fünfzig Pfennig ausgegeben hatte. Ich hätte sie lieber nicht so verplempern sollen.

Heute ersparen wir unseren Anfängern diese Erfahrung, indem wir sie im leichten Sitz ihr Gleichgewicht finden lassen. Sowohl im Trab als auch im Galopp. Davon hatten die Helden in meinen Büchern aber leider nichts gesagt.

Beruflich vergaloppiert

Bis ich mich 1961 an der westfälischen Reit- und Fahrschule in Münster für die Ausbildung zum sogenannten Hilfsreitlehrer anmeldete, habe ich mich beruflich ziemlich vergaloppiert: 1956 ging ich mit der Mittleren Reife vom Gymnasium ab. Ich hätte es nicht ertragen, sitzen zu bleiben, was angesichts meiner Zensuren aber jedes Jahr aufs Neue drohte. Meine Mutter ließ mich gewähren: »*Du wirst es schon richtig machen*« war das einzige, was sie an jeder Gabelung meines Lebensweges sagte. Der Gedanke, mir Ratschläge zu geben, war ihr so fremd wie das bereits erwähnte Stapeln von Goldbarren. Als Hilfestellung ließ sie allerdings ein Gutachten zu meiner Handschrift erstellen. Darauf vertraute sie offensichtlich mehr als auf ihr eigenes Urteil. Der Grafologe fand heraus, dass meine Lebenseinstellung »mehr betrachtend als tätig« sei. Kein praktisches Ergebnis in einer Zeit, in der jede Hand gebraucht wurde, ich selbstverständlich in unserem Stall mit anpackte und jeden Gast unserer Pension am Bahnhof abholte, um seinen Koffer auf meinem Fahrrad nach Hause zu transportieren. Es war eine Zeit, in der Kinder generell etwas zum Familieneinkommen beisteuern mussten. Ich weiß noch, dass ich davon träumte, für die Gepäckfahrten eine Kutsche und ein Pony zu haben. Wie schick hätte es ausgesehen, wenn ich statt auf dem Rad mit einem kleinen Gespann am Bahnhof vorgefahren und nach dem Aufladen im flotten Trab von dannen gezogen wäre?

Trümmerfrau

Meine Mutter nahm auch das Ergebnis der Schriftanalyse kommentarlos hin. Vielleicht hatte sie einfach keine Zeit und keine Kraft, um sich mehr mit meiner Zukunftsplanung auseinanderzusetzen. Sie arbeitete sieben Tage die Woche: Um fünf Uhr stand sie auf, versorgte unsere Pferde und servierte dann den Gästen Frühstück. Während die bei Brötchen und Marmelade saßen, machte sie deren Betten und putzte die Zimmer. Danach erledigte sie die Korrespondenz: Gästeanfragen, Buchungen, Briefe … Sie kochte Mittagessen, backte Kuchen, besorgte in der Gärtnerei Gemüse, im Dorfladen das, was Bäcker und Milchmann nicht lieferten. Dann bereitete sie das Abendbrot vor und wenn andere Leute Tagesschau guckten, machte sie erst den Abwasch und dann die Buchhaltung.

Ich habe sie damals oft nachts in der Küche geweckt. Den Kopf an die Wand gelehnt, saß sie da auf einem Hocker und schlief. Das Kassenbuch und Rechnungen vor sich auf der Arbeitsplatte.

Wie für viele Frauen ihrer Generation – es waren die sogenannten Trümmerfrauen, die Deutschland nach dem Zweiten Weltkrieg maßgeblich wieder aufbauten – war harte Arbeit für sie selbstverständlich. Genauso wie Entbehrungen und das Zurückstellen eigener Bedürfnisse. Wenn sie auch noch das von uns bewohnte Zimmer an Gäste vermieten konnte, schliefen wir auf dünnen Matratzen, die den besonderen »*Duft*« von Geflügelmist angenommen hatten, im Schuppen neben dem Hühnerstall. Wenn jemand seine Rechnung nicht bezahlen konnte, gab sie ihm Kredit – dessen Auslösung von den Schuldnern oft genug »*vergessen*« wurde.

Immer wieder nahm sie gestrandete Seelen bei uns auf und verzichtete selbst noch auf das Nötigste, wenn sie jemand anders damit eine Freude machen konnte. Und für dieses Leben, für jeden Handgriff, den sie für andere, auch für meine Schwester und mich, tun durfte, war sie ehrlich dankbar. Meine Mutter war ein dienender Mensch, der von jedem anderen mehr hielt als von sich selber. Der Vorteil, manchmal vielleicht auch der Nachteil dabei war, dass sie niemandem Angst machte und deshalb viele Freunde, na sagen wir Bekannte, hatte. Jeder mochte sie.

Als Kari und ich sie 1976, da war sie einundsiebzig Jahre alt, in den Ruhestand schickten, ihr ein schönes Leben ohne Pflichten ermöglichen wollten, verzweifelte sie fast an dem Gefühl, nicht mehr gebraucht zu werden. Damals war unser ältester Sohn Marcus gerade auf die Welt gekommen und der Vorschlag, uns bei seiner Versorgung zu unterstützen, löste bei ihr nur ein trauriges Lächeln aus: Kleine Kinder legte man schlafen, größere schickte man raus zum Spielen. Das war für eine Großmutter doch keine ernstzunehmende Arbeit, sondern eher Vergnügen, und dafür hatte sie keine Zeit.

Erst als Kari erklärte, ohne ihre Hilfe einen Babysitter anstellen zu müssen, änderte sich ihr Blickwinkel: Statt morgens die Frühstückstische unserer Gäste abzuräumen, schob sie fortan Marcus und später auch unseren jüngeren Sohn Andreas im Kinderwagen spazieren. Und das bei Wind und Wetter. Statt einzukaufen und zu kochen, beaufsichtigte sie sie in der Sandkiste (und sammelte nebenbei von den Bäumen gefallenen Reisig für den Kamin auf), ging mit ihnen Pilze sammeln und las stundenlang die immer gleichen Lieblingsbücher vor.

Sie war uns eine große Hilfe. Allerdings hatte ich aus meiner eigenen Kindheit gelernt und achtete mit Kari darauf, dass es für die Jungs eine gewisse Ordnung, zumindest ein paar Regeln gab, an die sich ohne Diskussion zu halten war. Kindererziehung und der Umgang mit Pferden ähneln sich manchmal schon sehr.

Nach meiner Schulzeit nahm ich eine Lehrstelle als Verlagskaufmann an, ging jeden Tag mit Kopfschmerzen ins Büro und irgendwann zum Arzt. Der empfahl mir, weniger am Schreibtisch zu sitzen und mehr Zeit an der frischen Luft zu verbringen. Dabei kümmerte ich mich bereits in jeder freien Minute um unsere Pferde. In dem Jahr, in dem Blanck seinen Reitstall betrieb, hatte ich mir dort meinen Unterricht größtenteils mit Ausmisten verdient.

Als die Pferde zu uns zogen, ritt ich, wann immer zwischen Schule, Hausaufgaben, Stallarbeit und dem Gepäcktransport Zeit dafür war. 1957 begann ich eine Kellnerlehre in Johannsens Kurhotel in Niendorf, die ich drei Jahre später mit Auszeichnung abschloss. Ein Ergebnis, das darüber hinwegtäuscht, dass ich diese Arbeit überhaupt nicht mochte.

Zwischen Ende der Lehrzeit und dem Beginn der Hotelfachschule am Tegernsee lag ungefähr ein halbes Jahr. Das nutze ich, um mein Reiten auf solidere Füße zu stellen. Mein Reiten und den Reitunterricht, den ich inzwischen gab, um den größtenteils unerfahrenen

Gästen und damit meinen Pferden zumindest eine gewisse Sicherheit im Gelände zu vermitteln. Denn wie gesagt, Schrittreiten war verschwendete Lebenszeit. Wir klemmten die Leute auf die Pferde und galoppierten mit ihnen an den Strand.

Auf Stoppelfeldern ließ ich bis zu zwölf Pferde nebeneinander rennen und ritt, verkehrt herum im Sattel sitzend, vorweg. So, dass ich die ganze Truppe im Auge behalten konnte. Gemessen daran, wie sehr das heute nach Kamikaze klingt, ist relativ wenig passiert.

Viele Pferde, wenig Unterricht

Ich hatte zwar immer Pferde, mit denen ich üben konnte, viel Unterricht gab es für mich aber nicht. Genauer gesagt waren es nur die zehn Stunden bei Blanck und das sonntags stattfindende Gruppentraining im Timmendorfer Reitverein, zu dem ich ritt, wenn zu Hause gerade mal nichts anderes zu tun war.

Ein Klassenkamerad vom Schwartauer Gymnasium hatte mich für den Verein angeworben. Seine Mutter Erika Voss war dort Vorsitzende, kümmerte sich wirklich mütterlich um die Nachwuchsförderung und wurde vermutlich deshalb von uns jungen Reitern Mutter Voss genannt: Sie sponserte unsere Turniere, organisierte jedes Jahr einen großen Geländeritt, zog für die Jagdreiterei Beagelwelpen groß und sie sorgte dafür, dass wir besagte Gruppenstunden bei einem Herrn Scheffler bekamen.

Sie fanden vielleicht fünf Kilometer von unserem Hof entfernt auf einem neu angelegten Reitplatz statt, auf dem sehr aufwendig gebaute, fest installierte Hindernisse standen. Dabei war Herr Scheffler, ein älterer Herr, der in Ostpreußen auf einem großen Gut gearbeitet hatte, ein passionierter Dressurreiter. Bis heute leiste ich ihm (und meinem späteren Lehrer Paul Stecken – aber dazu später mehr), gedanklich immer dann Abbitte, wenn ich mal wieder einem Schüler rate, mehr Geduld mit seinem Pferd und mit sich selbst zu haben.

Ich weiß nämlich noch, dass Scheffler mir beispielsweise beim Üben erster Seitengänge immer wieder vom Boden aus in den Zügel griff, zu mir hochguckte und im ostpreußischen Dialekt, so mit rollendem R und ganz vielen Js zwischen den Buchstaben, sagte: »*Jungjchen lass dirr Zejit. Das wijrrd schon.*« Dann ließ er den Zügel wieder los und beobachtete, wie ich drei Schritte ein bisschen weniger grob trieb. Sobald er sich einem anderen Schüler zuwandte, quetschte ich wieder mehr mit den Beinen und dachte: »*Opa, du hast keine Ahnung! Ich übe schon vierzehn Tage und es wird überhaupt nicht.*«

Am Ende der Stunden schlug er immer vor, dass jeder, der Lust hätte, noch ein paar Sprünge machen könne. So gern ich gesprungen wäre – ich wollte es lieber nicht vor Publikum riskieren. Und da Scheffler uns dabei sowieso keine Hilfestellung bot, ritt ich eines Abends, als ich sehr sicher war, dass der Reitplatz des Vereins leer sein würde, dorthin und guckte mir eine Bürste, so einen Sprung mit Buschwerk zwischen zwei Holzstangen, aus. Ich ritt darauf zu, trieb aus Leibeskräften – und mein Pferd rammte vor dem Sprung die Beine in den Boden. Aber nur eine Sekunde lang. Dann drückte es sich hoch und sprang, ungefähr so wie ein Hubschrauber startet und landet, einfach senkrecht hoch und wieder runter ...

Ich flog, die Füße noch in den Bügeln, meilenweit in die Luft und krachte hinter dem Hindernis auf den Vorderzwiesel des Sattels. Einen kurzen Moment sah ich Sterne, dann rollte ich mich vom Pferd und lag vor Schmerzen wimmernd im Sand. Springen? Nein danke! Das war zumindest in diesem Moment für mich beschlossene Sache. Wie man es besser machte, lernte ich erst in Münster so richtig.

Ich erinnere mich nicht mehr genau, ob Scheffler damals in den Ruhestand ging oder ob der Verein so wuchs, dass weitere Reitlehrer gebraucht wurden. Aber Mutter Voss, die mich »*Söhnchen*« nannte und regen Anteil an meinem reiterlichen Werdegang nahm, schlug mir zum Ende meiner Kellnerausbildung vor, mich in Münster zur Hilfsreitlehrerprüfung anzumelden. Warum ausgerechnet Münster? Meine Vereinskollegen von damals, Dr. Hans Dietrich Wagner, späterer Justiziar der FN, und Henning und Christine von Gayl sind sich heute sicher, dass es der damals schon hervorragende Ruf Paul Steckens war, der sie auf diese Idee brachte. Schließlich hatten er und sein Bruder Albert vier Jahre vorher, 1957, Dr. Reiner Klimke zur ersten Silbermedaille bei der EM der Vielseitigkeitsreiter geführt.

Westfälische Landesreit- und Fahrschule

Im Januar 1961 belegte ich in der westfälischen Landesreit- und Fahrschule also erst einen Vielseitigkeitskurs und danach den Vorbereitungslehrgang für die Prüfung zum, wie es damals hieß, Hilfsreitlehrer. Zu der Zeit wurde in der ganzen Schule, die auf einem Kasernengelände untergebracht war, nicht mal ein Fenster geöffnet, wenn der Schulleiter, Major a. D. Paul Stecken, dies nicht angeordnet hatte. Im Kurs waren wir knapp 20 Leute und im Unterschied zu meinen Mitstreitern in unserem ländlichen Reitverein wetteiferten wir nicht »*nur*« um die Ehre und um die hübschesten Amazonen, sondern auch noch um die besten Berufsaussichten.

Deshalb waren wir ständig damit beschäftigt, Konkurrenzanalyse zu betreiben: Was können die anderen? Was kann ich besser? Und sobald einer von uns beispielsweise beim Mittagessen den Tisch verließ, redeten wir über dessen reiterliche Schwächen. Jeder von uns wollte – zumindest theoretisch – das kernigste Pferd bändigen, die höchsten Sprünge wagen, den schnellsten Geländeritt hinlegen … Tatsächlich ritten wir erst mal ewig lange im leichten Sitz vorwärts-abwärts. Stecken ließ uns die Dehnungshaltung der Pferde geradezu zelebrieren und wenn wir meinten, nun sei es genug, fing die Lösungsphase für ihn eigentlich erst an. Widersprochen haben wir ihm nie. Das hätte sich keiner von uns getraut.

Der 1916 geborene Stecken war schon mit Mitte vierzig ein echter Herr, der mit wehendem Ledermantel, ein bisschen wie der Chefarzt im Krankenhaus, durch die ellenlangen Stallgassen »*seiner*« Schule fegte. Er hatte noch bei der Wehrmacht das Reiten gelernt, berief sich auf die Heeresdienstvorschrift von 1912 zur Ausbildung von Pferd und Reiter und verdiente sich nicht zuletzt über die Erfolge von Klimke und später auch von dessen Tochter Ingrid weltweit den Ruf eines hervorragenden Ausbilders.

Ich weiß noch, dass er während des Theorieunterrichts mal einen von uns Schülern fragte, wofür eine Kandare gut sei. Der Angesprochene grinste breit und antwortete: »*Damit man die Böcke besser kriegen kann.*« Ich glaube, ich habe vor Schreck die Luft angehalten: Allein schon das Wort Böcke kam in der sehr korrekten, sehr akzentuierten Sprache Steckens nicht vor. Von der Grundhaltung, die hinter der flapsigen Antwort meines Kurskollegen stand, gar nicht zu reden. Dabei war meine Einstellung davon nicht so weit entfernt: Wenn ein Pferd anderer Meinung war als ich, galt es, ihm das auszutreiben. Und wenn es mit schärferem Werkzeug war.

Pferdediebe?

Neben dem praktischen und dem theoretischen Unterricht hatten wir Schüler einige Aufgaben rund um die Pferdeversorgung zu übernehmen. Dazu gehörte, dass jede Nacht einer von uns auf einem Feldbett neben der Waschbox schlafen und eventuell aus ihren Ständern entwischte Schulpferde einfangen musste. Tatsächlich drang bei meiner ersten Nachtwache irgendwann von ganz weit weg Hufgetrappel in meine Träume vor. Ich weiß noch, dass ich im Dunkeln nach meiner Taschenlampe tastete und die gefühlt hundert Meter lange Stallgasse hinunterleuchtete: Nichts, kein Pferd weit und breit, alles friedlich. Wahrscheinlich war das Geräusch wirklich nur in meinem Traum vorgekommen. Ich hatte mich gerade wieder in die beiden schweren Bundeswehrwolldecken, die uns im Stall als Bettzeug dienten, gewickelt, da klapperte es wieder. Da war doch ein Pferd unterwegs! Ich richtete mich fröstelnd auf und schlich, den Lichtkegel der Taschenlampe vorwegschickend, die Stallgasse runter: Wieder nichts! Doch, kurz vor dem Ende des Ganges entdeckte ich einen leeren Stellplatz. Das Halfter lag, mit dem Strick am Anbindering des Ständers festgebunden, im Stroh.

Aber wo war der zugehörige Vierbeiner? Ich meine, dass das der Moment war, in dem ich meinen eigenen Herzschlag hörte: Pferdediebe? Auch wenn ich es bei Tageslicht ja nie zugegeben hätte, aber die einsamen Nächte in diesen riesigen, dunklen Stallungen waren mir schon unheimlich. Ich tapste wieder in Richtung Waschbox und vergewisserte mich unterwegs vor jedem einzelnen Ständer, dass das darin untergebrachte Pferd auch wirklich angebunden war.

Als ich mich gerade fragte, was ich wohl tun würde, wenn mir dabei statt eines Pferdehinterns plötzlich ein Mensch gegenüberstehen und mich zu Tode erschrecken würde, leuchtete ich in einen Ständer hinein, in dem zwei Pferde standen. Puuuh! Da hatte sich ein Ausbrecherkönig sein Halfter abgestreift und war bei seinen Kollegen auf Futtersuche gegangen. Er drängte sich einfach zu einem anderen Pferd in den Ständer, fraß dort übrig gebliebenes Heu und marschierte dann, auf der Suche nach einem neuen Gastgeber, weiter. Mein Puls normalisierte sich wieder.

Heilfroh, es doch nur mit einem vierbeinigen Ausreißer zu tun zu haben, brachte ich ihn in seinen Ständer zurück, verschnallte das

Halfter so eng wie möglich und legte mich wieder hin. Beim Frühstück mit meinen Mitschülern gab ich die Geschichte natürlich ohne die Passage mit dem Herzklopfen zum Besten.

»Was kann da nicht alles passieren ...«

Voraussetzung für die Hilfsreitlehrerprüfung war das Bronzene Reit- und Fahrabzeichen. Vom Unterricht im Fahren weiß ich noch, dass der Lehrer ein absoluter Pingelhuber war, der jeden Lehrsatz aufs letzte Komma exakt runtergebetet haben wollte. Nicht sinngemäß wiedergegeben, sondern auswendig gelernt. Außerdem dauerte mir das Anschirren immer zu lange und wenn ich endlich damit fertig war, fühlte ich mich durch die peniblen Vorgaben des Lehrers irgendwie nur gegängelt und entmutigt: Er saß wie ein wandelnder Warnhinweis neben uns Schülern auf dem Bock, erzählte immer nur, was beim Kutschieren alles Schreckliches passieren könne und erstickte jedes bisschen Freude mit seinen ängstlichen Vorgaben für die zentimetergenaue Zügelführung. Fehlte nur noch, dass er die Winkel, in denen ich das Handgelenk drehen und die Peitsche schwingen sollte, nachgemessen hätte.

Ich fand es unerträglich und erwischte mich immer mal wieder bei dem Wunsch, gegen seine Kleinlichkeit zu rebellieren. Ein sehr ungewohntes Gefühl für mich, was dazu führte, dass ich zwanzig Minuten vor der Prüfung, schon in weißer Hose und Jackett, mit abgezähltem Geld in der Hand, in die Kneipe gegenüber der Reit- und Fahrschule stürmte. Schon an der Tür rief ich meine Bestellung »*Ein Bier!*« in Richtung Zapfhahn und erinnere noch genau, das Glas im Stehen, wie Medizin, in einem Rutsch runtergekippt zu haben. Danach schüttelte ich mich innerlich kurz, so wie es andere Leute nach einem Schnaps machen.

Als ungeübter Trinker reichte mir dieses eine Glas, um leicht beschwingt zur Prüfung anzutreten und die mir zugewisperten Ratschläge des Fahrlehrers mit dem Anflug eines Grinsens zu überhören. Auch wenn ich heute fürchte, dass der arme Mann neben mir auf dem Bock ziemlich gezittert haben dürfte, hatte ich während meiner relativ rasanten Prüfungsfahrt erstmals wieder ein bisschen Spaß am Kutschieren. Trotzdem, ich würde eher sagen, gerade deshalb habe ich mit Note Eins bestanden.

Dieses Pingelige, preußisch Genaue – so empfand ich die ganze Atmosphäre an der Schule: Die Stallgassen waren wie gesagt ellenlang und wenn dort nur ein Pferd runtergeführt worden war, mussten wir sie zu dritt, einer rechts, einer links, einer in der Mitte, mit Reisigbesen fegen. Eigentlich gehörte der Spruch »*Reiten lernt man nur durch reiten*« zum Leitbild der Schule. Ich meine, es waren die Lehrlinge, die ihn in »*Reiten lernt man nur durch fegen*« abgeändert hatten und uns Kursteilnehmern gleich in den ersten Tagen mit auf den Weg gaben. Selbstverständlich nur, wenn Paul Stecken nicht in der Nähe war.

Wie gesagt, sobald er an uns vorbeirauschte, standen wir innerlich (ich sicher auch äußerlich) stramm. Im Unterricht forderte er mich mal dazu auf, die Knie »*krummer*« zu machen. Ich habe nicht verstanden, was er damit meinte, habe mich aber auch nicht getraut, nachzufragen. Auf die an sich simple Sache, die Knie mehr anzuwinkeln, bin ich vor lauter Ehrfurcht nicht gekommen.

Bevor ich nach Münster kam, war ich ein Feld-, Wald- und Strandreiter, der nur gelernt hatte, wie man einem Pferd »*die Rübe runterfummelt*«: Wir haben uns die Hände hinter die Oberschenkel geklemmt, so lange festgehalten, bis sich das Pferd in die Brust biss und geglaubt, es ginge jetzt am Zügel.

Das war ungefähr die Zeit, in der ich mit Kollegen aus dem Reitverein, unter anderem mit Henning von Gayl, zu meinem allerersten Turnier nach Fehmarn ritt. Freitags siebzig Kilometer hin, zwei Tage vor Ort, dann den gleichen Weg zurück. Da es zwischen der Insel und dem Festland noch keine Brücke gab, setzten wir mit unseren Pferden per Fähre über die Ostsee. Ich weiß noch, dass ihnen die Brüstung des Schiffs nur bis zum Sprunggelenk reichte und sich wohl jeder von uns Reitern fragte, was er machen würde, wenn eines der Tiere zum Seepferdchen werden und einfach über das Geländer springen würde. Henning erzählt bis heute, dass die Pferde so nervös waren, dass sie während der kurzen Fahrt die ganze, eigentlich für Autos vorgesehene Ladefläche vollgeäppelt hätten.

Von diesem Turnier gibt es Fotos, auf denen mein Pferd die Nase hinter der Senkrechten hat – und die Hinterhand meilenweit raus steht. Trotzdem landete ich bei der Reiterprüfung, zu der ich damals antrat, auf dem zweiten Platz. Ich hatte mir weitestgehend selbst beigebracht, irgendwie zurechtzukommen.

Ausbildung der Auktionspferde

Trotz dieser mangelhaften Vorkenntnisse habe ich gut viereinhalb Jahre nach meiner ersten Reitstunde und nach zehn Wochen in Münster die Abzeichen und die Prüfung zum Hilfsreitlehrer mit guten Noten hinter mich gebracht. Aber wirklich stolz war ich darauf, dass Stecken mich als einzigen Kursteilnehmer dazu einlud, länger zu bleiben und bei der Vorbereitung junger Pferde für die jährlich stattfindende Auktion mitzuhelfen. Und mit helfen war in diesem Falle auch Reiten gemeint.

Um mir dieses Angebot zu machen, hatte er mich zu einem Gespräch gebeten. Das klang offizieller als es war: Er marschierte im

Stechschritt über das Gelände und ich lief seitlich neben ihm her, bemüht, mit seinem Tempo mitzuhalten und nur kein Wort zu verpassen. Ich bin nicht mehr sicher, aber ich meine, für die Auktionsvorbereitung gab es sogar Geld. Wobei, selbst wenn ich dafür hätte zahlen müssen, wäre ich vor Stolz fast aus dem Hemd geplatzt: Da war es mal wieder, dieses Gefühl besonders zu sein, etwas besonders gut zu können, sich aus der Durchschnittlichkeit der Menge hervor zu tun. Ich ahnte zwar damals schon, dass die Einladung auch mit meiner Statur, ich bin nicht sehr groß und wog damals vielleicht fünfundsechzig Kilo, zu tun haben könnte. Aber darüber sah ich in meiner Freude hinweg.

Eine offizielle Bestätigung meiner Vermutung bekam ich vierundfünfzig Jahre später, im Sommer 2015. Im Zuge der Entstehung dieses Buchs wurde Stecken nach mir gefragt und erinnerte sich zu meiner großen Überraschung – der Mann hat im Laufe seines Berufslebens um die zweitausend Berufs-, Amateur- und Hilfsreitlehrer sowie Reitwarte ausgebildet – tatsächlich an »*einen kleinen Schwarzhaarigen*« und berichtete Folgendes: »*Für die Vorbereitung der rohen Auktionspferde nahm ich gern leichte Reiter mit einer besonders weichen Hand. Beides hat Herrn Marlie ausgezeichnet.*« Er erzählte dann noch weiter: »*Wir bekamen damals vor allem Vier- und nur ein paar Dreijährige zur Ausbildung. Heutzutage ist es ja leider umgekehrt, mehr Drei- als Vierjährige. Dabei spart man das, was man den Pferden zu Anfang mehr an Zeit lässt, später leicht wieder ein.*« Als ich bei ihm ritt, hat mich sein ständiger Appell zu Geduld, Geduld, Geduld manchmal genervt. Heute belästige ich meine Schüler selber damit.

Ich hatte mich damals etwas intensiver mit der Sekretärin der Schule angefreundet – was auch dazu beitrug, dass Stecken sich an mich erinnerte. Er war aber so höflich zu sagen, wir seien ihm damals zwar aufgefallen, »*aber nicht negativ!*« Sie war auch Reiterin und ebenfalls für die Vorbereitung der Auktionspferde eingeplant.

Als ich ihr freudestrahlend eröffnete, dass Stecken mich dazu gebeten hatte, war ihr Jubel darüber, dass ich vier Wochen länger in Münster bleiben würde, bei aller Liebe doch etwas gebremst. Auch zwischen uns gab es eine Konkurrenzsituation und es hatte schon sehr an ihr genagt, dass ich neben meinen offiziell bezahlten Kursen immer wieder kostenlos im Unterricht für die Lehrlinge der Schule mitreiten durfte. Ansonsten erwähnte ich Steckens Einladung, soweit ich mich erinnere, allenfalls beiläufig.

Das hatte den Vorteil, dass ich drei Wochen später auch nicht groß verkünden musste, bei der Auktion selber nicht mitreiten zu dürfen. Stecken hatte mich nochmal zu einem Gespräch antreten lassen und mir mitgeteilt, dass ich mit meinen einundzwanzig Jahren zu jung dafür sei und dass die Besitzer der Pferde erfahrene Profis im Sattel sehen wollten. Nach außen nickte ich einsichtig mit dem Kopf, innerlich drohte mich das Gefühl, nicht genügt zu haben, mal wieder aufzufressen. Ich war wahnsinnig enttäuscht, weil ich mich so sehr auf das Reiten vor großem Publikum gefreut hatte.

Auch diese Situation kannte ich aus meinen reiterlichen Anfängen: erst der Höhenflug wegen des Leichttrabens, dann das Jammertal nach dem verpatzten Galoppversuch. Ich hätte langsam kapieren können, dass es mir ohne eine Abkehr von der selbst auferlegten Verpflichtung, wenigstens beim Reiten gut und besser zu sein, immer wieder so gehen würde. Aber wie schon mal gesagt, für diese Erkenntnis brauchte ich noch ein paar Jahrzehnte.

Rückblickend habe ich wirklich großes Verständnis für Steckens Entscheidung, an die er sich 2015 ebenfalls noch zu erinnern schien. Da zählte er auf, wen er für das Vorreiten auf der Auktion eingeteilt hatte: Klimke, den späteren Dressur-Bundestrainer Harry Boldt, Reitmeister Fritz Tempelmann, Heinz Rohman aus Marl, seines Zeichens Großvater und erster Trainer des Springreiters Christian Ahlmann …

Für diese jährlich stattfindende Auktion waren ungefähr fünfzig weitgehend rohe Pferde nach Münster gebracht worden. Sie standen in provisorischen Ständern in einer ansonsten leeren Halle und wurden von angestellten Reitlehrern und eingeladenen Berufsreitern binnen vier Wochen auf die Auktion vorbereitet.

Heute frage ich mich, wie Stecken diesen engen Zeitplan mit seiner ritterlichen Art, mit Pferden umzugehen, überhaupt vereinbaren konnte? Zumal er uns vor dem Reiten zunächst endlos lange zu Fuß gehen ließ. Gefühlte Ewigkeiten marschierten wir in der Reithalle im Kreis neben den jungen Pferden her. Zwischendurch guckte Stecken über die Bande, rief: *»Herrschaften, die Pferde sehen mir noch recht frisch aus. Führen Sie weiter!«* und verschwand für die nächste Ewigkeit. Wenn wir beim Essen mal nicht über mangelnde Reitkenntnisse anderer Leute herzogen, äfften wir diesen Satz nach und lachten über die uns übertrieben scheinende Vorsicht.

Das Führen eines Pferdes fand ich bestenfalls überflüssig. Im Sattel fühlte ich mich deutlich sicherer als am Boden. Das hat sich mittlerweile grundlegend geändert: Ich halte inzwischen sehr viel davon, ein Pferd aufmerksam zu führen. Gerade in der Kennenlernphase kann man ihm vom Boden aus auch optisch Orientierung und Halt geben, eine wirkliche Führung anbieten. Dafür inszeniere ich jeden Schritt, jede einzelne Hufbewegung. So erspart man es den Pferden, den Reiter gleich wie einen Beelzebub im Genick sitzen zu haben.

Ich rate jedem meiner Schüler erst dann aufzusteigen, wenn er sich um das Pferd herum überall aufhalten, es am ganzen Körper berühren, sich hinter es stellen und ihm unter dem Bauch durchkriechen kann. Gerade Letzteres wirklich nur unter Anleitung und nach sehr sorgfältiger Übung.

Innerhalb der kurzen Vorbereitungszeit für die Auktion bekamen die Pferde Husten, was den Zeitdruck noch weiter erhöhte. Auch in ihrer Stallhalle schob immer einer von uns Nachtwache und musste, noch bevor der Frühdienst zum Füttern erschien, bei allen fünfzig Pferden Fieber messen. Ein gewagtes Unterfangen, das eine Ewigkeit dauerte: Sie waren ja noch ziemlich roh und schlugen schnell nach hinten aus, wenn man versuchte, das Thermometer zu platzieren und mit einer Wäscheklammer am Schweif festzustecken. Ich habe mal einen Kollegen gefragt, wie er es hinbekäme, und der antwortete nur, er würde meistens die Temperatur des Vortags eintragen.

Ungefähr fünfundzwanzig Jahre später, schickte ich Silke zu einem Lehrgang nach Münster. Der preußische Geist der Schule, die festen Regeln und dazu Steckens grundsolider Umgang mit Pferden waren mir, der sich als Kind häufig wünschte, dass einer sagen möge, wo es langginge, in guter Erinnerung geblieben. Bis heute halte ich Steckens Arbeit für das tragfähigste Fundament jeder reiterlichen Ausbildung. Tatsächlich war das, was Silke und ich bei ihm lernten, die Basis, auf der wir uns bei allen fachlichen Diskussionen immer wieder getroffen haben. Wir haben beide erlebt, dass er größten Wert auf Grundlagenarbeit legte, eben ganz viel im leichten Sitz und mit Vorwärts-Abwärts-Dehnung reiten ließ.

Als Thomas und Inge Vogel mit ihrer Firma »*pferdia tv*« im Jahr 2013 einen Film darüber drehten, wie wir in unserer Reiterpension mit Pferden arbeiten, traf ich Stecken in gewisser Weise wieder: »*pferdia tv*« begleitet regelmäßig die Arbeit von Olympiasiegerin Ingrid Klimke und hat mehrere Filme darüber veröffentlicht, wie sie, mit der Unterstützung ihres Lehrers Paul Stecken, Jungpferde ausbildet. Als ich ihn erstmals in einem Film sagen hörte: »*Ingrid, nicht mehr! Jaaa nicht mehr verlangen!*« und »*Warte! Er ist noch nicht so weit, warte noch*«, fühlte ich mich in die Münsteraner Reithalle zurückversetzt: »*Führen Sie noch ein bisschen weiter.*«

KAPITEL 5

Ein Olympiareiter namens Klapparsch

»Der kann ja nicht mal leichttraben!«

»*Na ja, zum Leichttraben reicht es.*« Das war viele Jahre der wohl ätzendste Kommentar, den ich für die Reitkünste anderer Leute, besonders neuer Schüler, übrig hatte. Woher ich die Arroganz dafür nahm, weiß ich selbst nicht so genau. Aber wenn Arroganz eine versteckte Form von Unsicherheit ist, dann hatte ich es wohl nötig, mein eigenes Licht heller scheinen zu lassen, indem ich die Flammen der anderen möglichst klein hielt.

1964 machte ich den Vorbereitungskurs für die Reitlehrerprüfung an der Deutschen Reitschule, dem Sitz der FN, in Warendorf. Wir waren fünfzehn Teilnehmer, größtenteils Männer, und rückblickend betrachtet haben wir uns aufgeführt wie eine Herde junger Hengste, die vor Kraft und zumindest scheinbarem Selbstbewusstsein überschäumt. Parallel zu unserem Kurs fand eine Fortbildung für Richter statt, bei der diejenigen, die andere auf Turnieren bewerteten, selber in den Sattel durften oder mussten.

Jeder von uns Reitlehreranwärtern hatte Turniererfahrung, jeder war also schon mal bewertet worden und das ganz bestimmt auch schon mal ungerecht. Zumindest in der eigenen Wahrnehmung. Was also machten wir, als die Richter ritten? Wir versammelten uns auf der Tribüne und ich bin heilfroh, dass unsere Tuscheleien dort nicht aufgenommen wurden: »*Guck mal, wie sitzt der denn da?*«, »*Wusste ich doch, dass der sowieso nicht reiten kann!*«, »*Das Pferd geht ja rich-*

tig schlecht.« Ganz besonders hatten wir es auf einen Herrn abgesehen, der ziemlich unkoordiniert im Sattel herumhopste. Beim Leichttraben klatschte er immer einmal zu viel auf die Sitzfläche. So, als hätte er den Takt noch nicht gefunden. Ich flüsterte zu meinen Nachbarn rüber: »*Wer ist das denn?*« »*Das ist Klapparsch.*« »*Das sehe ich. Aber wer ist das?*« Einer der Kollegen, die hinter mir saßen, raunte den Namen Klaus Wagner – und ich rieb mir die Augen. So als könnte ich das Bild vor mir wegwischen und durch ein anderes ersetzen. Dieses andere Bild zeigte einen deutschen Vielseitigkeitsreiter und sehr erfolgreichen Ausbilder, eben diesen Klaus Wagner, bei den Olympischen Spielen 1952 in Helsinki. Dort und auch vier Jahre später in Stockholm gewann er mit der Mannschaft die Silbermedaille. Ein so hochdekorierter Reiter – und dann konnte er nicht mal leichttraben?

Als junger Mann machte ich mich über solche »*Unzulänglichkeiten*« lustig. Die Richtlinien für Reiten und Fahren der FN waren damals für mich in Stein gemeißelt. Man saß gerade auf dem Pferd. Schultern, Hüftknochen und Fersen bildeten eine Linie. Der Absatz war der tiefste Punkt, es gab eine gerade Verbindung vom Ellenbogen über die Hand bis zum Pferdemaul und selbstverständlich konnte man taktmäßig leichttraben. So musste es sein! So und nicht anders!

Dann gab es eine Phase, in der ich die Stirn runzelte, mir Kommentare aber meistens verkniff.

Heute finde ich, dass man solche Reiter gar nicht genug unter die Lupe nehmen kann. Wenn, um bei dem Beispiel zu bleiben, jemand nicht taktmäßig leichttraben, aber trotzdem erfolgreich reiten kann, muss er etwas anderes besonders gut können, um dieses Manko wettzumachen. Und mich interessiert immer, was das ist. Bei Wagner, der so viele leistungsfähige Vielseitigkeitspferde ausbildete, dass er anderen Reitern welche abgeben konnte, hing sein Erfolg wahrscheinlich mit seinen Trainingsmethoden zusammen. Er ritt seine Pferde mehr als es damals üblich war im Gelände und ich vermute, dass sein gleichmäßiges Reiten über den naturgemäß unebenen Boden sehr leistungssteigernd wirkte.

Wie bei ihm, habe ich es über die Jahrzehnte immer wieder erlebt, wie sehr mich Menschen auf den zweiten Blick beschämten, die für mich beim ersten Hingucken die einfachsten Regeln der Reiterei nicht beherrschen. Menschen, denen ich meinte, Talent und Können absprechen zu dürfen.

Welches Pferd hatte das schönere Leben?

So wie dem älteren Herrn, den ich während eines Besuchs bei meiner ebenfalls pferdebegeisterten Schwester in Köln beobachtete. Er wirkte auf mich sehr betulich, fiel mir aber deshalb auf, weil er ein ungefähr vierjähriges Pferd arbeitete und ich zu der Zeit, es muss Anfang der 1960er-Jahre gewesen sein, ein Pferd in ähnlichem Alter ausbildete. Ich sah ihn und fing, typisch ich, sofort an, zu vergleichen: Was machte dieser Mann? Was machte ich besser? Wie entwickelt war sein Pferd? Wie viel weiter war meines? Alles, was ich bei ihm sah, fand ich ziemlich ... na sagen wir mal, ich fand es ziemlich lahm: Stellen, biegen, gymnastizieren ... nichts von dem, was ich für wichtig hielt, fand bei ihm statt. Zumindest nicht so, dass es für mich erkennbar gewesen wäre. Meine Ausbildungsmethode hielt ich für viel engagierter. Ich zündete das Pferd mehr, in meiner Arbeit war einfach mehr, viel mehr Pep.

In der nächsten Winterpause, also ungefähr ein Jahr später, war ich wieder in Köln, begleitete meine Schwester wieder zu ihrem Pferd und sah auch den Herren mit seinem Schützling wieder: Gespannt beobachtete ich ihn beim Reiten – und stellte wenig Schmeichelhaftes fest. Also für mich war es wenig schmeichelhaft. Der Mann war mit seinem Pferd nämlich, soweit man so etwas überhaupt vergleichen kann, nicht schlechter unterwegs als ich. Er hatte es mit seinem sehr langsamen – man kann es lahm nennen, oder sorgfältig – Vorgehen mindestens genauso weit gefördert wie ich meines.

Der Unterschied war nur (und diesen Eindruck hat meine Schwester mir bestätigt), dass er seinem Pferd für jeden Ausbildungsabschnitt mehr Zeit gönnte. Er hatte offensichtlich einen Schritt gemacht, während ich ungefähr drei vorwegstürmte – um dann wieder zwei zurückgehen zu müssen. Ich habe meine Pferde früher mit meinen Ansprüchen an das Untertreten, die Hankenbeugung, viel zu frühe Versammlung und so weiter immer wieder überfordert.

Darauf reagierten sie mal mit Taktunreinheiten oder Kopfschlagen, mal damit, dass sie in jeder Ecke grüne Männchen sahen und mich so zwangen, einen Gang runterzuschalten und zunächst an diesen, aus meiner heutigen Sicht, selbst gemachten Symptomen zu arbeiten. Diese Rückschritte hatte der ältere Herr sich und seinem Vierbeiner vermutlich erspart.

Die Frage, wer von uns beiden seinem Pferd wohl weniger Angst gemacht hatte, stellte ich mir damals noch nicht. Heute würde ich ganz klar sagen, dass das Kölner Pferd das schönere Leben hatte. Was sagt Stecken über die Ausbildung junger Pferde? *»Was Sie sich vorher mehr an Zeit lassen, sparen Sie später leicht wieder ein.«*

Irans Antwort auf Hans Günter Winkler

Ein anderes Beispiel ist eine Dame, die in den 1970er-Jahren ungefähr drei Monate am Stück zu Gast in unserer Pension war. Stammgäste hatten sie uns als »*Meisterin im Springsport*« ihres Heimatlands Iran angekündigt. Besagte Dame war eine rundliche, kleine Person, die fließend Deutsch sprach und, bevor sie zu uns kam, im Reitsportmekka Warendorf vorgeritten war. Dort zeigte aber niemand Interesse daran, sie zu unterrichten. Und das ist noch höflich ausgedrückt. Sehr gespannt darauf, was ich ihr wohl würde beibringen können, ließ ich sie in ihrer ersten Stunde eigenständig eines meiner Pferde reiten – und berichtete hinterher meinen Kollegen von dieser angeblichen iranischen Antwort auf Hans Günter Winkler: »*Zum Leichttraben reicht es.*«

Mit ziemlichen Fahrleinen ließ sie ihr Pferd gen Hallendach gucken und segelte in einem mir bis dahin noch nie untergekommenen Freestyle durch die Bahn. Springreiten? Und das auch noch richtig gut? Wer's glaubt ...

Am nächsten Tag fragte ich, ob sie Erfahrungen im Longieren habe? Sie meinte Ja und ich gab ihr eine junge Stute, Santana, die nicht viel konnte und meiner Meinung nach von ihr auch nicht viel lernen würde. Tatsächlich ließ sie sie im Kreis um sich herumschlappen. Die Longe hing im Dreck, die Peitsche hatte sie sich unter den Arm geklemmt. Ich wollte das Experiment schon abbrechen und ihr erklären, dass ein Pferd die Longe auslaufen müsse, dass sie es stellen und biegen solle und was noch so alles in den entsprechenden Richtlinien der Reiterlichen Vereinigung stehe. Bevor ich das sagte, guckte ich zum Glück aber nochmal ganz genau hin: Santana wirkte sehr entspannt, achtete auf die kleinen Gesten der Frau, ein feines Band – und das war nicht die immer noch auf dem Boden schleifende Longe – schien die beiden zu verbinden.

Auf meine Fragen erklärte sie mir, sie hätte im Iran ein Pferd, das ein solcher Schatz sei, es würde alles von alleine machen. Sie habe es selbst ausgebildet, hätte dafür aber kaum tätig werden müssen: »*Wissen Sie, bei uns zu Hause gibt es viel Platz. Ich reite viel aus und wann immer etwas im Weg liegt, springen wir drüber.*« Ah ja! Und das nannte sie dann Springtraining?

Ich glaube, ich war damals sprachlos vor Verwunderung und Unverständnis: Wie konnte es angehen, dass sich ein Pferd unter solchen Bedingungen zu einem »*Schatz*«, der alles von alleine tat, entwickelte? Irgendwie fing die Sache an, mich zu interessieren: Wenn diese Frau im Sinne unserer damaligen, noch vom Militär geprägten »*Hauptsache-der-Gaul-nimmt-die-Rübe-runter-Reitweise*« nicht viel Ahnung hatte, aber scheinbar gut mit Pferden zurecht kam, dann wollte ich wissen, wie sie das machte.

Vielleicht waren dies die ersten Stunden, in denen ich beschloss, in meinem eigenen Unterricht möglichst genauso viel zu lernen wie meine Schüler. Ich gab ihr dann ein anderes Pferd. Daisy, die ich als etwas ungeschickt empfand und der ein bisschen Springgymnastik sicher guttun würde.

Die Iranerin baute, mit den paar Stangen und Cavaletti, die ich damals hatte, in der Reithalle einen kleinen Parcours auf und fing sehr freundlich, aber eben auch sehr unorthodox, wieder mit ellenlangen Zügeln, an, Daisy durch diesen Springpark zu lenken. Geschickt ließ sie sie über Stangen treten, steigerte langsam die Anforderungen. Es sah für mich zwar ungewöhnlich aus, aber sie wusste offensichtlich, was sie tat.

Meine Daisy trabte mit mal gespitzten, dann wieder aufmerksam zur Reiterin gedrehten Ohren federnd über die am Boden liegenden Stangen. Ohne sie auch nur zu berühren, sprang sie über Cavaletti, schnaubte ab und genau in dem Moment, als ich dachte, jetzt könne es kaum noch besser werden, hielt die Reiterin sie ganz weich an und fragte mich nach der Erlaubnis, aufhören zu dürfen. Sie habe das Gefühl, dass es für die Stute reiche. Konnte sie meine Gedanken lesen? Oder hatte sie bei allen Überraschungen, die ihr Reitstil für mich bot, tatsächlich das, was ich ein Händchen für Pferde nennen würde? Ich glaube, ich gestand damals nur Kari, dass sie Daisy besser ritt, als ich es zu dieser Zeit konnte.

Bei anderer Gelegenheit bat ich sie, einem Reiter eine Gerte auf eine sehr sensible Stute, Sabrina, hinaufzureichen. Sie ging an den Kopf des Pferdes und streichelte sich mit der Gerte am Hals entlang, bis in die Reiterhand. Heute streichen wir unsere Pferde alle mit Gerten oder sogar Regenschirmen ab und wickeln sie für Gelassenheitsprüfungen in Plastikfolie, aber vor vierzig Jahren? Da dachte kein Mensch an so etwas. Statt auf Feingefühl, Empathie oder wie auch immer man es nennen will, setzte man auf körperliche Stärke. Es gab sogar Rundschreiben, in denen Stallbesitzer von offizieller Seite davor gewarnt wurden, Frauen zu Berufsreiterinnen auszubilden. Es hieß damals, sie hätten nicht genug Kraft dafür.

Wir glaubten tatsächlich, mit ausreichend Muskeln Pferde halten und zu allem bringen zu können, was wir uns so vorstellten. In Münster machten wir jungen Männer nach Kursstunden und Stalldienst noch extra Krafttraining. Wir setzten uns paarweise auf einander gegenüberstehende Stühle und drückten uns gegenseitig mit den Knien die Beine auseinander oder zusammen. Wahrscheinlich träumte ich dabei immer noch von einem Knieschluss wie Old Shatterhand. Wir sind damals, ebenfalls im Dienste von Kraft und Kondition, auch ganz viel ohne Bügel leichtgetrabt. Wenn ich da heute drüber nachdenke, frage ich mich, was es wohl mit gefühlvollem Reiten zu tun haben könnte, wenn man seinen ganzen Körper anspannt, um sich nur mittels Knieschluss im Sattel hochzudrücken und langsam zurückgleiten (!) zu lassen?

Sabrina war ein Pferd, bei dem ich zu viel Muskelkraft eingesetzt, das ich immer wieder zu hart angepackt hatte. Sie war überfordert, nervös und so schreckhaft, dass ich sie mit keinem Schüler mehr ins Gelände schicken konnte. Die Iranerin fragte, ob sie mit ihr spazieren gehen dürfe. Spazieren? Mit einem Pferd? Ich dachte, es wird nichts bringen, aber auch nichts schaden und erlaubte es.

Täglich berichtete die Dame (deren Namen ich leider beim besten Willen nicht erinnere) von ihren Erlebnissen: Sie stellte fest, dass Sabrina zu Beginn der Spaziergänge sehr aufgeregt war, aber immer ruhiger wurde, je weiter sie sich vom Stall entfernten. Näherten sie sich dem Hof, stieg der Stresspegel wieder an. Irgendwann marschierte sie mit dem gesattelten Pferd los und wenn Sabrina einen entspannten Eindruck auf sie machte, begann sie zu reiten. Und sie stieg wieder ab, sobald das Pferd kribbelig wurde. Sie stieg ernsthaft ab, statt das Pferd zum Weitergehen zu zwingen!

So tasteten sich Mensch und Tier langsam voran und was soll ich sagen? Nach vierzehn Tagen, oder waren es drei Wochen, hatte sie das Pferd kuriert. Auf die Idee, erst mal spazieren zu gehen, wäre ich nie gekommen. Auf so etwas wie Absteigen sowieso nicht. Man longierte oder saß im Sattel. Oder man hatte Unterricht bei Paul Stecken. Ich war damals noch nicht so weit, diese Ideen aufnehmen zu können.

Ein Pferd mit Prüfungsangst

In Warendorf ritt ich bei Heinrich Boldt, Vater und Lehrer des späteren Dressur-Bundestrainers Harry Boldt, und beim Vorsitzenden der Richtervereinigung General a. D. Horst Niemack, der auch die Schule leitete. Niemack wurde nur mit »*Herr General*« angesprochen. Wenn sich denn jemand traute, ihn anzusprechen. Ich glaube, ich habe nur mit ihm geredet, wenn er mich etwas gefragt hat. Er kaufte immer wieder junge Pferde und pickte sich einzelne der Reitlehreranwärter heraus, die sie nach dem offiziellen Feierabend in seinem Sinne ausbildeten.

Wieder wurde mein Ego dadurch gestreichelt, dass auch ich eines dieser Pferde anvertraut bekam: einen kleinen Fuchs, ungefähr vier Jahre alt. Ich ritt ihn nahezu jeden Tag und freute mich immer, wenn

Niemack währenddessen mal über die Bande guckte, meine Arbeit lobte und sehr behutsam, sehr ermutigend kleine Anregungen gab. Was ich bei Stecken gelernt hatte, das Vorwärts-Abwärts-Reiten eines jungen Pferdes, kam mir dabei sehr zugute.

Boldt war ein eher trockener Typ, der keinen von uns Schülern mit Namen kannte, aber jeden Morgen jedes Pferd mit einem Leckerli begrüßte. Wenn er uns etwas sagen wollte, rief er: »*Sie da, auf...*« und nannte dann das Pferd, auf dem »*Sie da*« gerade saß. Ihn habe ich öfter selber reiten sehen und erinnere noch, dass er dabei meistens einen Schlaufzügel auf dem Hals seiner Pferde liegen hatte. Manchmal benutzte er ihn auch und das mit folgender Erklärung: »*Warum soll das Pferd erst gegen den Rücken gehen, wenn es auch gleich mit ihm gehen kann?*«

In seinem Dressurunterricht ritt ich einen sehr leichtfüßigen Braunen, der aus dem Turniersport genommen worden war, weil er zu Beginn jeder Prüfung pinkelte. Heute würde ich sagen, er machte sich vor Angst in die Hose. Ich war damals ganz zufrieden damit, so ein spezielles Pferd zugeteilt bekommen zu haben. So eines, mit dem man zumindest nichts verlieren konnte: Schaffte ich es, dass ihn bei mir nicht ständig die Blase drückte, war es mein Erfolg. Schaffte ich es nicht, lag es eben am Pferd.

Ich nahm mir für meine damaligen Verhältnisse viel Zeit für diesen Wallach und wurde deshalb immer wieder für meine Geduld gelobt. Dabei bin ich gar nicht geduldig, ich kann nur nicht verlieren. Tatsächlich bekam ich es hin, ihm bei der täglichen Arbeit so wenig Angst zu machen, dass er die Pinkelei nicht nötig hatte.

Aber bei der Generalprobe vor meiner Prüfung, als die Atmosphäre schon dadurch, dass jemand die zu reitende Aufgabe vorlas, an Turniere erinnerte, war er sofort wieder überfordert: »*Einreiten im versammelten Trab, bei X halten, grüßen, anreiten im versammel-*

ten ...« Weiter kamen wir gar nicht. Der Wallach stellte die Hinterbeine raus und ließ Wasser. Daraufhin bot Boldt mir das Pferd einer seiner Schülerinnen an. Sie hatte zwei Pferde, in deren Sattel er sie allerdings nur unter seiner Aufsicht ließ. Eines davon durfte ich, neben Niemacks kleinem Fuchs, außerhalb des Unterrichts reiten, wenn Boldt nicht da war.

Das zweite Pferd der jungen Frau gab er mir am Tag vor meiner Prüfung zum ersten Mal. Es hatte die Eigenart, sich ein bisschen wie in Zeitlupe zu bewegen und leicht mit den Zähnen zu knirschen. Leider konnte ich das auch in der Prüfung nicht ganz verhindern und als ein Richter Boldt darauf ansprach, hörte ich, wie er sagte, das läge daran, dass ich die Beine nicht richtig dran hätte. Peng! Ego ade! Da war er wieder! Einer dieser Momente, die ich mit »*lieber nicht*« hätte verhindern können.

Boldt stellte mir eines seiner Trainingspferde zur Verfügung und dann ritt ich es nicht mal so, dass es ihm Ehre machte. Ich kann bis heute nachspüren, wie ich innerlich zusammensackte. Dass ich die Prüfungen trotzdem gut bestanden habe, spielte gar keine Rolle. Ich hätte das Angebot, dieses Pferd zu reiten, lieber nicht annehmen sollen.

Wozu Lektionen gut sind

Woran ich mich sehr viel lieber erinnere, ist eine Aussage von Boldt, die mich im besten Sinne durch mein Berufsleben begleitet: Eines Tages kam er zum Unterricht und beobachtete, wie wir angehenden Reitlehrer unsere Pferde lösten. Wir machten das alle sehr ähnlich, sehr lehrbuchmäßig: erst im Schritt am langen Zügel, dann vermehrtes Aufnehmen der Zügel und antraben, leichttraben, erst linke Hand, dann rechte Hand. Etwas später den Trab aussitzen, das Pferd mehr an die Hilfen stellen, Schlangenlinien, Volten, Schulterherein ...

Er guckte, wie gesagt, eine Weile zu und dann sagte er den Satz, den seitdem fast jeder meiner Schüler mindestens einmal zu hören bekommt: »*Lektionen sind Mittel zum Zweck, aber nicht Selbstzweck.*« Ein Lehrsatz fürs Leben! Er hielt einen von uns an, lieh sich dessen Pferd, stieg auf und erklärte, wie er idealerweise mit der Arbeit anfinge: »*Schon beim Aufsitzen bekomme ich erste Informationen von dem Pferd. Ist es eher unruhig oder gelassen? Locker oder steif? Dann gebe ich probehalber eine Hilfe und leite aus der Reaktion die nächsten Maßnahmen ab.*«

Mit »*Maßnahmen*« meinte er die Lektionen, die für das Pferd gerade in diesem Moment passend sind. Drei Schritte weiter konnte sich das schon wieder geändert haben. Lektionen sind Mittel zum Zweck – das war für mich die Aussage, die mich vom sturen Abklopfen einzelner Übungen abbrachte.

Es gab weitere Schlüsselerlebnisse, die mich zum Ausprobieren, zum Suchen und Finden meines eigenen Weges ermutigten. Dazu gehörte in den 1970er-Jahren eine Aussage des sehr erfolgreichen Bundestrainers der Dressurreiter, Willi Schultheis: Eine Fachzeitschrift, ich glaube es war »ST.GEORG«, hatte eine Umfrage zum Longieren gemacht und bis auf einen, erklärten alle befragten Profis, dass es bestenfalls falsch sei, ein Pferd ohne Ausbinder an die Longe zu nehmen. Viele sprachen sogar von Sinnlosigkeit, Gesundheitsgefährdung und Tierquälerei.

Nur Schultheis, wahrscheinlich der erfolgreichste aller befragten Experten, war ein überzeugter Gegner und sagte, dass keine Longierpeitsche dieser Welt den Schwungverlust, der durch die Ausbinder entstünde, ausgleichen könne. Ich weiß noch, dass ich seine Passage des Artikels immer wieder gelesen und dabei die Luft angehalten habe: Was da stand war wirklich ein Tabubruch! Ich war hin- und hergerissen: Einerseits war ich von Hause aus ziemlich obrigkeitsgläubig. Andererseits sprudelte mein Forschergeist fast über und da kam so eine Erlaubnis, an den in Stein gemeißelten FN-Regeln zu kratzen, gerade recht.

Ich startete meine eigenen kleinen Versuchsreihen und je mehr ich experimentierte, ausprobierte, bastelte, desto mehr ging mir auf, wie groß der Strauß an Möglichkeiten bei der Arbeit mit Pferden ist. Und wie schwer es demnach die FN-Funktionäre haben: Einen allgemeingültigen Fahrplan, eine Art Weg zum Glück, zur Zufriedenheit oder zumindest zum Turniererfolg für jedes Pferd und jeden Reiter – ich beneide niemanden, der so etwas aufstellen soll.

Nach meinem von Stecken gelerntem Verständnis, ist das Genick immer der höchste Punkt und das Pferd geht mit der Nase idealerweise leicht vor oder maximal an der Senkrechten. Auch die Zeichnungen, die in Warendorf im Theorieunterricht eingesetzt wurden, zeigten es in dieser Position. Aber wenn ich dort den Klassenraum verließ und in der Reithalle den Kaderreitern zuguckte, gingen deren Pferde größtenteils dahinter. Und als ich in Aachen das CHIO-Turnier besuchte, gewannen dort Südamerikaner, deren Pferde wie die Hirsche den Springplatz betraten und in Außenstellung um die Kurven gingen: Kopf hoch, Blick an den Horizont ... Was davon ist denn nun richtig, was ist falsch und wer entscheidet das?

Es kommt sicher nicht von ungefähr, dass meine Lieblingsantwort auf viele Fragen meiner Schüler »*Es kommt darauf an*« lautet. Versuche ich, ein sich erschreckendes Pferd festzuhalten oder lasse ich es laufen? Sollte ich den Trab jetzt aussitzen oder lieber noch nicht? Wenn mein Pferd beim Ausritt an einer Weggabelung nicht weitergehen will, braucht es dann Motivation oder Trost? Es kommt darauf an, wie gefährlich oder ungefährlich die Situation ist. Darauf, ob das Pferd seinen Reiter schon zum Platznehmen einlädt und ob es nicht versteht, was gewünscht ist, oder ob es Angst davor hat ...

Ich glaube, es kann im Unterricht nur darum gehen, Schüler in einem geschützten Rahmen zum Sammeln von Erfahrungen zu ermutigen, Vor- und Nachteile aufzuzeigen. Damit sie das Selbstvertrauen entwickeln, entscheiden zu können, worauf es in der jeweiligen Situation ankommt. Ein generelles Richtig oder Falsch – das gibt es für mich inzwischen immer weniger.

Fredy Knie Senior und ein Film von Ray Hunt

Auf einer FN-Veranstaltung zum Thema »*Reitverein 2000*«, zu der ich in den 1990er-Jahren eingeladen war, wollte ich die Widersprüche zwischen Theorie und Praxis zum Thema machen – und bekam daraufhin die Einladung zu einer Tierschutzbeiratssitzung in der Pfalz. Dort habe ich das, was ich nicht verstand, so formuliert: »*Wenn ich die allgemeine Lehrmeinung lese oder höre und dann die von Profis gelieferten Bilder sehe, wirkt es auf mich wie ein Film, bei dem der falsche Ton läuft. Für mich passt es nicht zusammen.*«

Ich bekam aus meiner Sicht zwar wieder keine schlüssige Erklärung – obwohl mir unter anderem der ebenfalls eingeladene Trainer der Schweizer Dressurmannschaft und Zirkuschef Fredy Knie Senior beipflichtete. Er war ein anerkannter Experte, bei dem sich sogar führende Mitarbeiter der Spanischen Hofreitschule Rat holten. Wenn selbst er Bild und Ton nicht übereinander bekam – dann musste ich mir zumindest nicht völlig dämlich vorkommen, wenn ich es auch nicht konnte. Im Gegenteil.

Gelohnt hat sich der Ausflug nach Süddeutschland trotzdem. Und wie! Denn dort hörte ich erstmals von Ray Hunt. Eine Verhaltensforscherin zeigte auf der Sitzung einen Film über diesen amerikanischen Horseman, der binnen eineinhalb Stunden ein gerade eben halfterführiges Pferd an den Sattel gewöhnte und in allen Gangarten ritt. Vorwärts und rückwärts! Ich weiß gar nicht mehr, wie ich bei diesen Bildern auch nur halbwegs ruhig auf meinem Stuhl sitzen bleiben konnte. Diese Art, mit einem Pferd zu arbeiten, dieser an die zwei Meter hoch eingezäunte Roundpen, in dem es stattfand ... Das war für mich alles Neuland.

Ich bedauerte sofort, gerade keinen Dreijährigen im Stall zu haben, mit dem ich diese Methode hätte ausprobieren können. Bis dahin dachte ich, das Anreiten eines jungen Pferdes müsse Wochen und Monate dauern. Nie wäre ich allein auf die Idee gekommen, das anzuzweifeln. Aber wenn sich eine bisher verschlossene Tür plötzlich ein Stückchen öffnet, schielt man erst vorsichtig durch den Spalt und reißt sie irgendwann mit Schwung weit auf. Weil man wissen möchte, was sich hinter ihr versteckt: Nach dieser Sitzung begann ich, geschriebene und ungeschriebene Gesetze zum Umgang mit Pferden zu überprüfen: Man soll ihnen nicht direkt in die Augen gucken, darf sie nicht mehr als sechs Schritte rückwärtsgehen lassen und dass ein Pferd auch nur einen Moment frei in der Bahn rumsteht ist einfach nur verboten ... All diese Weisheiten habe ich nacheinander abgearbeitet und beispielsweise keinen einzigen Beleg dafür gefunden, dass Pferde das Rückwärtsgehen, ab welchem Schritt auch immer, als Strafe empfänden. Wo kamen solche Behauptungen bloß her?

In Filmen über die Methoden von Westerntrainern sah ich sogar, dass sie ihre Pferde Runde um Runde ganz freundlich rückwärtsrichteten. Auch zu Knies Arbeit besorgte ich mir Filme und war begeistert! Vor allem von seinem sogenannten Apell. Er ließ bis zu zwölf Pferde frei in der Manege traben und konnte jedes einzeln zu sich rufen, ihm ein Leckerli geben und an seinen Platz in der Abteilung zurückschicken. Und bei uns brach schon die blanke Panik aus, wenn ich mein Pferd kurz neben der Hallentür stehen ließ, um beispielsweise meine Jacke über die Bande zu legen. Die anderen Reiter fürchteten sofort, es könne eigenmächtig losschießen und zwischen die anderen Pferde rasen.

Inzwischen ist es mein Ziel, zumindest mit Respekt auf jeden Ausbildungsversuch, auf jede Arbeitsmethode oder Reitweise zu gucken, die das Wohlergehen des Tieres zum Ziel hat. Das Aufbauen von Feindbildern macht dabei keinen Sinn. Und im Zweifel gilt, dass ich sowieso selber ausprobieren und entscheiden muss, was für mein Pferd und mich passt.

Kompetenzgerangel

Dazu fällt mir eine Begebenheit ein, die einmal mehr den Beweis dafür lieferte, dass es häufig (wenn nicht immer) mehrere Wahrheiten gibt und man sich am besten seine eigene Meinung bildet: In einer Theoriestunde hatte Dressurausbilder Boldt uns aus irgendeinem Grund (vielleicht weil nach Dressurprüfungen damals häufig ein sogenannter Gehorsamssprung erwartet wurde) eine Sprungszene an die Tafel gemalt und erklärt, wie wir diese Situation in der Praxis lösen sollten. Am selben Tag, in der nächsten Theoriestunde, brachte der für den Springunterricht zuständige Micky Brinckmann zufällig genau das gleiche Beispiel – und erklärte uns die Lösung entgegengesetzt zu Boldt.

Wir reagierten mit betretenem Schweigen, bis sich einer meiner Mitschüler ein Herz fasste und Brinckmann erklärte, Boldt habe uns das genaue Gegenteil empfohlen.

Keine gute Idee! Denn in diesem Moment schien ein eisiger Wind durch den Unterrichtsraum zu wehen: Brinckmann froren die Gesichtszüge ein, er schnappte nach Luft – und polterte richtig los: Das sei eine Einmischung in seine Kompetenzen, Unverschämtheit, er werde mit Boldt zu reden haben und so weiter.

An diesem Abend hatten wir beim Essen endlich mal ein anderes Gesprächsthema als die reiterlichen Schwächen irgendwelcher Mitschüler. Gespannt wie die Flitzebögen warteten wir auf die nächste Stunde. Breit grinsend betrat Boldt den Unterrichtsraum. Mit gedämpfter Stimme, ein bisschen so, als müsse er das Lachen unterdrücken, sagte er: »*Mensch Leute! Was macht ihr für einen Aufstand! Wenn so etwas passiert, wenn ihr zwei unterschiedliche Ansagen zu einem Thema bekommt, haltet ihr künftig erst mal die Klappe. Und dann geht ihr raus, probiert beides aus und das, was besser funktioniert, das macht ihr. Verstanden?*« Verstanden.

Ich habe die Reitlehrerprüfung mit der Gesamtnote Gut bestanden und bin 1964 ganz in unseren Pensionsbetrieb eingestiegen. Morgens misten, tagsüber Ausritte und Unterricht, abends stand ich in der Kellerbar unseres Hauses hinter dem Tresen. Sieben Tage pro Woche. Wahrscheinlich ging es mir zu der Zeit ähnlich wie meinen vier bis fünf Stunden täglich im Gelände trabenden Pferden: Für eigene Wünsche und Bedürfnisse war bei so einem Pensum nicht mehr viel Energie übrig.

Und dann dieser Alkohol! Ich weiß noch, dass wir in einer besonders feucht-fröhlichen Nacht mit Kerzenruß unsere damalige Lebensweisheit an die Decke der Bar schrieben: »*Des kleinen Mannes Sonnenschein, ist reiten und besoffen sein.*« Dabei ist das mit dem Besoffensein für mich bis heute eher ein Unwetter: Mir ging es danach immer so was von schlecht, dass ich mich morgens um sechs Uhr nach dem Pferdefüttern am liebsten in einen der Ständer, ob ausgemistet oder nicht, gelegt hätte. Aber unsere Gäste waren ein feierwütiges Völkchen und die Umsätze der Bar für den Betrieb lebensnotwendig.

KAPITEL 6

Präzise Hilfengebung

»Ich verspreche dir, nach vier Wochen verkaufst du deine Stiefel.«

Mitte der 1950er-Jahre, ich war ungefähr siebzehn, ging ich zur Tanzstunde und hätte eigentlich schon da lernen können, wie das Führen eines anderen ... ich sage jetzt mal Lebewesens ... funktioniert. Wir waren damals eine Horde Jungs, die plötzlich Herren genannt wurden und einzeln aus einem Haufen kichernder Mädchen eine Tanzpartnerin aussuchen und formvollendet auffordern sollten. Das allein fand ich schon ziemlich peinlich.

Der Grund, warum ich nach der dritten Stunde meine Tanzschuhe an den Nagel hängte, war aber, dass meine *»Dame«* darüber klagte, dass ich sie nicht richtig führen würde. In meiner Erinnerung übten wir irgendwelche Schrittkombinationen, die uns beiden gleichermaßen neu waren: vor, seit, rück, vor, seit, rück ... Ich bin nicht mal auf die Idee gekommen, dabei auch noch so etwas wie Führung übernehmen zu sollen. Und davon hatte die Tanzlehrerin auch gar nichts gesagt. Aber wie auch immer, wir stolperten übers Parkett wie ... ja, wie Pferd und Reiter, wenn der Mensch noch keine Idee davon hat, dass Pferde es als Herdentiere gewöhnt, ja dass sie sogar darauf angewiesen sind, geführt zu werden. Sonst versuchen sie, selbst die Führung zu übernehmen.

Weil es mit dem klassischen Tanzen für mich also nichts wurde, habe ich mich auf das Tanzen mit Pferden verlegt. Die lästern wenigstens hinterher nicht über mein Unvermögen, Schwitzhände oder was auch immer.

Zwei erste und zwei zweite Plätze

Anfang der 1970er-Jahre hatte ich zwei junge Pferde in der Ausbildung und trat mit ihnen bei Turnieren in unserer Umgebung an. 1971 stellte ich sie in Lübeck sowohl in der A- als auch in der L-Dressur vor und landete in beiden Prüfungen auf dem ersten und zweiten Platz. Bei der Ehrenrunde vorneweg zu galoppieren, die goldene (in diesem Falle auf der anderen Seite auch noch die silberne) Schleife am Kopf des eigenen Pferdes flattern zu sehen und dabei vielleicht sogar von Freunden, Familienmitgliedern oder von einem Redakteur der Lokalzeitung fotografiert zu werden ... Das ist schon ein irres Gefühl.

Wenn man aus dem Viereck kommt, strecken einem Gratulanten die Hände entgegen. Neben Kari begleiteten mich manchmal auch ein paar unserer Gäste und warteten am Ausritt darauf, mir zu gratulieren. Ich sehe noch, wie ich mich zu ihnen runterbeuge und mich strahlend für ihren moralischen Beistand bedanke: »*Vielen Dank!*«, »*Das Pferd hat super mitgemacht*«, »*Ich freue mich sehr*« ... Dann reitet man breit grinsend am hingegebenen Zügel zum Stall oder zum Hänger-Parkplatz, steigt ab, versorgt das Pferd – und spätestens, wenn man am nächsten Tag die Zeitung mit dem Turnierbericht gelesen hat, beginnt das Projekt Titelverteidigung. Den Druck, einen Erfolg wiederholen oder sogar ausbauen zu müssen, habe ich immer als enorm stark empfunden. Höher, schneller, weiter! Und wenn das nicht klappt? Katastrophe!

Ein Jahr später erlebte ich in Lübeck genau das. Ich trat erneut an, fühlte mich auch nach meinen Ritten noch ziemlich siegessicher – und wurde nicht einmal platziert. Dabei glaubte ich, die Pferde gut weiterentwickelt zu haben und musste mich sehr zusammenreißen, um nicht den Richtern die Schuld zu geben. In beiden Dressurprüfungen, wie gesagt A und L, waren jeweils zwei unterschiedliche Richter-Gruppen für die Benotungen zuständig. Bis dahin hatte ich bei der auch damals schon häufig laut werdenden Kritik an Richtern immer nur gesagt, man möge es mit gutem Reiten versuchen, dann könne auch niemand an einem vorbeigucken. Leicht gesagt, solange man zu den Gewinnern gehört. Denn genau das, gutes Reiten, hatte ich hier meiner Meinung nach gezeigt und war gescheitert. Vielleicht war die Konkurrenz besser geworden, vielleicht hatte ich es mir mal geleistet, mich zu überschätzen – was auch immer.

Ich war jedenfalls am Boden zerstört und mir wurde zum ersten Mal bewusst, wie flüchtig, wie sinnlos Erfolg sein kann. Zumindest, wenn der Weg dorthin keinen Spaß macht. Oder, noch deutlicher, wenn man Tag für Tag nur trainiert, um diesen einen triumphalen Moment zu erleben. Nicht für den Spaß am Üben, nicht für die Sache an sich. Ich hatte beide Pferde ein Jahr lang darauf getrimmt, unseren Erfolg mit noch besseren Bewertungen zu wiederholen. Um Freude am Umgang mit ihnen und am Reiten ging es dabei allerdings kaum.

Warum mag ich Pferde?

Ungefähr zehn Jahre später konnte ich deshalb wissend mit dem Kopf nicken, als Silke mir in ihrem Vorstellungsgespräch sehr kleinlaut gestand, in ihrer (zunächst abgebrochenen) Ausbildung zur Bereiterin den Wert eines Pferdes nur noch an dessen sportlichen Erfolgen bemessen zu haben. Sie ritt unter anderem für einen Pferdehändler, war stolz darauf, jedes, wirklich jedes Pferd an den Zügel stellen zu können und sagte: »*Ich habe Pferde wie Sportgeräte angesehen.*«

Und weitere dreißig Jahre später, ungefähr 2012, fühlten wir uns beide von einem jungen Mädchen, von Julia, noch im Nachhinein ertappt: Julia ist Stammgast bei uns, hatte gerade Abi gemacht und dachte darüber nach, beruflich mit Pferden zu arbeiten. Und sie fragte uns, was wir von dieser Idee hielten.

Sie ist im Umgang mit Pferden sehr begabt, einfühlsam und geduldig. Im Kontakt mit fremden Menschen aber geradezu abweisend scheu. Silke und ich konnten sie uns einerseits gut als Ausbilderin vorstellen, fürchteten aber, dass ihr ihre extreme Schüchternheit im Kundenkontakt – Pferde haben nun einmal Besitzer – im Weg sein würde. Wir diskutierten mit ihr das Für und Wider, sprachen über verschiedene Ausbildungswege, darüber, mit einem anderen Beruf mehr Geld verdienen und sich davon eigene Pferde leisten zu können. Aber das Wichtigste an dem ganzen Gespräch war Julias sehr ehrliche Selbstreflexion. Sie sagte: »*Ich weiß nicht, ob ich Pferde wirklich um ihrer selbst Willen mag oder wegen des Erfolgs, den ich mit ihnen haben kann.*« Ein Satz, der sich mir eingebrannt hat. Denn ich wäre vermutlich nie Reiter geworden, wenn ich dabei nicht schon in jungen Jahren, beispielsweise beim Fest zur Saisoneröffnung in unserem Nachbardorf, in den Genuss bewundernder Blicke gekommen wäre. Ich bemühe mich jetzt sehr, diese Erkenntnis nicht peinlich zu finden, aber die Präsentation vor Zuschauern oder auch vor anderen, vielleicht nicht so gut im Sattel sitzenden Mitschülern, der Beifall auf einem Turnier, der Respekt der Besitzer, wenn man mit ihrem Problempferd klarkommt – das ist schon toll.

Und es macht die Antwort auf die Frage, warum man Pferde mag, ein bisschen heikel. Zumindest wenn man sehr ehrlich ist. Julia war da sogar sehr, sehr ehrlich und ich glaube, Silke und ich waren beide ein bisschen neidisch auf diese weise Analyse einer damals Neunzehnjährigen.

Fehlergucken

1972, nach den verpatzten Dressurprüfungen, bekämpfte ich meinen Frust mit Aktionismus und wandte mich dafür an einen Herren, der ein, zwei Jahre zuvor unser Gast war: Michael Tetzner arbeitete ursprünglich als Handelsvertreter, sattelte dann auf Reitlehrer um und war damals Dressurausbilder in Reutlingen, südlich von Stuttgart. Er besaß das Goldene Reitabzeichen und hatte mich während seines Urlaubs damit beeindruckt, wie er mit unseren Pferden umging. Ich rief ihn an, schilderte meine Probleme und bekam folgende Antwort: *»Du kannst gern zum Unterricht herkommen, aber ich verspreche dir, nach vier Wochen verkaufst du deine Stiefel.«*

Da zwischen Scharbeutz und Reutlingen an die achthundert Kilometer liegen, fuhr ich erst allein dorthin, um eines der Schulpferde des Vereins zu reiten. Ich weiß noch, dass ich am ersten Morgen gemeinsam mit Tetzner dort ankam (seine Frau und er hatten mich in ihrem Gästezimmer untergebracht) und schon bevor ich das mir zugewiesene Pferd sattelte, Konkurrenzanalyse betrieb: Ich stand in der Reithalle hinter der Bande und beobachtete Tetzner beim Unterricht mit einer jungen Frau. Wobei das Wort beobachten viel zu neutral für das klingt, was ich machte: Fehlergucken. Ich wollte nicht wissen, was andere Schüler konnten, sondern was sie im Vergleich zu mir nicht konnten. Die neidischen Blicke meiner Mitreiter, als ich plötzlich leichttraben konnte, die Turniere, auf denen ich die Ehrenrunde anführte, Steckens Einladung zur Auktionsvorbereitung …

Rückblickend weiß ich, dass ich vordergründig nach Reutlingen fuhr, um dazuzulernen, mir im tiefsten Inneren aber eigentlich nur dieses tolle Gefühl, etwas Besonderes leisten zu können, wieder besorgen wollte. Ich erwartete zumindest, beim Reiten Gründe zu finden, um stolz auf mich sein zu können, um besser zu sein als die anderen.

Im Nachhinein erinnert es mich an einen Bekannten, der als Kind mit seinen Eltern einige Jahre in Spanien gelebt hatte und, als er in Deutschland sein Abitur machen sollte, Spanisch als zweite Fremdsprache wählte. Er erzählte uns, dass er im Unterricht immer mit dem Kopf auf der Tischplatte geschlafen oder Zeitung gelesen hätte. Die Eins im Zeugnis war ihm trotzdem sicher. Es ging ihm also nicht um Interesse am Lernen, sondern um gute Zensuren. Sonst hätte er ja Französisch gewählt.

Als ich am ersten Tag im Sattel des für mich ausgeguckten Vereinspferdes saß, ließ Tetzner mich erst mal machen – und erklärte mir hinterher ausführlich, woran er mit mir arbeiten wollte. Vor allem war es sein erklärtes Ziel, meine Hilfengebung gleichzeitig präziser und feiner zu machen. Das Pferd hatte ziemlich schnell Scheuerstellen von den Sporen, mit denen ich es ritt. Auch darauf machte mich Tetzner aufmerksam. Wir haben ungefähr eine Woche lang daran gebastelt, dass ich mit jeder Hilfe, mit jeder Zügel- oder Schenkelbewegung, einfach mit jedem Wunsch, den ich an das Pferd richtete, bei diesem auch durchkam.

Meine Tanzpartnerin hätte wohl wenig Grund zur Klage gehabt, wenn ich damals jede Berührung so präzise ausgeführt hätte, wie ich es jetzt lernte. Dann brachte mir jemand von Zuhause eines meiner beiden jungen Pferde, Cohinoor, nach Reutlingen. Er kam in den Stalltrakt der Schulpferde. Ein Gebäude ohne Tageslicht, in dem auch dann keine Lampe eingeschaltet werden durfte, als ich die Stromkosten dafür übernehmen wollte. Schwaben sind sparsam, Schulpferde waren Nutztiere – man machte sich einfach keine Gedanken über ihre Befindlichkeiten. Fast überflüssig zu erwähnen, dass bei den Privatpferden Sonne und Mond zu sehen waren und zusätzlich elektrisches Licht brannte.

Ich ritt Cohinoor vor und wann immer etwas nicht funktionierte, hoffte ich, dass Tetzner, für dessen Rat mein Pferd und ich durch ganz Deutschland gereist waren, gerade nicht hinguckte.

Er beobachtete uns eine Weile und erklärte dann ohne große Umstände Niederschmetterndes: »*Du reitest genauso wie vor einer Woche! Du hast nichts von dem, was du auf meinem Pferd gelernt hast, auf dein Pferd mitgenommen.*«

Im Nachhinein kann ich mir das lebhaft vorstellen: Ich war so beseelt von dem Wunsch, eine gute Figur abzugeben, möglichst Lob für die bisherige Ausbildung meines Pferdes einzuheimsen und im Vergleich zu Tetzners anderen Schülern gut dazustehen, dass ich das machte, was ich immer gemacht hatte und Cohinoor so ritt, wie es mir vertraut war.

Damit habe ich mich, enttäuschende Turnierergebnisse hin oder her, wahrscheinlich am sichersten gefühlt. Dass es bedeutete, wieder in meine alten Muster, in eine zu diffuse Hilfengebung zurückzufallen, war mir nicht bewusst. Wie gesagt, das Pferd, das ich in der ersten Woche ritt, hatte Scheuerstellen von meinen Sporen, weil ich immer und immer wieder an ihm herumgenörgelt hatte. Das einzig Gute daran war, das Tetzner mich so für präzise Hilfegebung sensibilisieren konnte.

Den Transfer dieser ja sehr wichtigen Erkenntnis von seinem Pferd auf meines habe ich aber erst mal nicht hinbekommen. Statt ganz klar einen einzelnen Wunsch an das Pferd zu formulieren, machte ich, was ich bis dahin immer gemacht hatte: Ich habe es an fünf Stellen gleichzeitig bedrängt, mal hier getrieben, mal da, aber kaum etwas so zu Ende gebracht, dass es »*Ja, ich habe dich verstanden*« sagen konnte. An dem Spruch »*Wer das macht, was er schon immer gemacht hat, wird auch nur das bekommen, was er schon immer bekommen hat*« ist einiges dran. Und an Tetzners Aussage »*Ich verspreche dir, nach vier Wochen verkaufst du deine Stiefel*« auch.

Nur dass es bei mir nicht mal einen Monat dauerte, bis sich die Idee, einfach alles hinzuschmeißen, einschlich. Ich ritt, gab mir Mühe, strengte mich so sehr an, wie ich nur konnte, wollte gut und besser sein, besser als seine anderen Schüler – und Tetzner hatte immer nur noch mehr zu kritisieren. Lob oder zumindest mal eine kleine Bestätigung »*Ja, so ist es richtig*« blieben völlig aus. Ich erinnere es wie heute, dass ich mich jeden Tag ein bisschen entmutigter, blöder, talentfreier und so weiter fühlte. Für Freude am Reiten, am Zusammensein mit meinem Pferd, war damals bei mir überhaupt kein Platz. Es war so wie nach meiner vierten Reitstunde. Als ich mich zu allem zu doof fühlte, weil ich immer noch nicht galoppieren konnte.

Was mich heute noch freut ist, dass ich bei allem Frust nicht auf die Idee gekommen bin, deshalb meinem Pferd Vorwürfe zu machen. So wie es nichts bringt, die Sonne oder den Regen zu kritisieren, macht es für mich keinen Sinn, Kritik an einem Pferd zu üben. Es tut immer nur das, was ihm praktisch erscheint. Damit es Lust darauf bekommt, das zu tun, was wiederum für mich praktisch oder von mir gewünscht ist, ist es sinnvoll, es darin zu bestätigen, ihm »*das Richtige*« beispielsweise durch eine Pause oder auch durch ein Leckerli (zum Füttern bei der Arbeit später mehr) schmackhaft zu machen.

Als Silke und ich Justy den Strand und die Ostsee nahebringen wollten, haben wir jede seiner Bewegungen in die richtige Richtung gefeiert und ihm einen Moment der Ruhe gegönnt: Er macht einen ersten Schritt vom Holzsteg in den weichen Sand? »*Suuuper!*« Pause. Dann kommt der zweite Schritt. Wieder Begeisterung zeigen, eine kleine Pause machen und so weiter. Wenn ein Schritt sitzt, probiert man zwei in Folge, dann drei …

Bei Tetzner stellte ich mich irgendwann selbst vor die Wahl: Entweder du packst ein und fährst nach Hause oder du findest dich damit ab, hier der letzte Hanserl zu sein und versuchst trotzdem mitzunehmen, was geht. In der Hoffnung, dass irgendetwas schon hängen bleiben würde, entschied ich mich für Letzteres und vor allem dafür, mich nicht mehr ständig mit anderen Schülern zu vergleichen. Ich hatte ja zähneknirschend akzeptiert, dass ich der Schlechteste von uns allen war. Die Buddhisten würden sagen, ich beschloss, mit Absicht absichtslos zu sein.

Gesichtsverlust ist schlimmer als der Tod

In den 1960er- und 1970er-Jahren ritt ich regelmäßig auf Turnieren. Obwohl mir jedes Mal schlecht vor Aufregung war. Dabei hatte ich weder Angst davor, herunterzufallen, mir körperlich wehzutun, noch war ich in Sorge um mein Pferd. Ich hatte nur die nackte Panik davor, auf den hinteren Plätzen zu landen. Die Japaner sagen, Gesichtsverlust sei schlimmer als der Tod und ich weiß genau, was sie damit meinen. Im Vergleich mit anderen nicht bestehen zu können, das war für mich die größte Katastrophe.

Und seitdem sich bei mir zum ersten Mal ein Reitanfänger dafür entschuldigte, dass er nicht reiten könne, weiß ich, dass es anderen Menschen auch so geht. Wir bieten in unserer Reiterpension mehrmals im Jahr Anfängerkurse an und hören am ersten Tag oft Entschuldigungen für nicht vorhandenes Wissen. Manche Gäste gestehen auch, vor dem Kurs zu Hause schon mal zehn Stunden Unterricht genommen zu haben: »*Damit ich hier nicht ganz so doof dastehe.*« Und seit wir einen Kurs für ältere Einsteiger, für Anfänger 50+, anbieten, ist noch eine weitere Variante zur Vermeidung von Gesichtsverlust dazugekommen: Es gibt Schüler, die deutlich jünger als Fünfzig sind, sich aber extra für diesen Kurs anmelden – in der Hoffnung, zumindest dort im Vergleich mit den anderen nicht durch Ungeschicklichkeit, Unsportlichkeit, Konditionsschwäche oder sonstige Unzulänglichkeiten aufzufallen.

Ich kann das voll und ganz verstehen. Das macht die Ängste, die mich und andere Menschen auf solche Ideen bringen, aber nicht praktischer. Ich möchte deshalb lernen, mit Spaß auch mal so gepflegt danebenhauen zu dürfen, dass es spritzt.

Tetzner gab mir mehrere Wochen täglich Unterricht. Davor, danach, beim Frühstück und bei unseren gemeinsamen Abendessen klagte er über seinen ärgsten vereinsinternen Widersacher. Das war ein sehr erfolgreicher Springreiter, der u. a. beim Hamburger Derby antrat, und in der Pferdeausbildung eine komplett andere Linie verfolgte. Er ritt seine Springpferde beispielsweise mit Schlaufzügeln, was damals nicht unüblich war, von Tetzner aber abgelehnt wurde. Die beiden scharten in ihrem Verein zwei Lager um sich und konkurrierten um Schüler, Berittpferde, Erfolge … Allabendlich hörten Tetzners Frau, selber eine ambitionierte Reiterin, und ich uns die neuesten Horrorstories über schlecht gerittene Pferde, verbale Entgleisungen und was weiß ich sonst noch alles an. Auf die Idee, dass der Konkurrent nur ein paar Kilometer entfernt wahrscheinlich ebenfalls an einem Esstisch saß und sich über Tetzner aufregte, kam ich damals nicht.

Heute ist es, wenn ich irgendwo von solchen Kleinkriegen höre, mein erster Gedanke: »*Wie klingen diese Ereignisse wohl in der Wahrnehmung des anderen?*« In jedem Falle wurde mir immer klarer, unter welchem Druck mein Reitlehrer stand: Er war im Wettbewerb mit anderen Trainern und musste irgendwie Leistung produzieren und zeigen, zu welchen Erfolgen er seinen Schülern verhelfen konnte. Danach, wie viel Spaß der Unterricht machte, wurde nicht gefragt.

Durch seine Hinweise zur konzentrierten Hilfengebung lernte ich, wann eine Hilfe beim Pferd angekommen war, wann es sie verstanden hatte und wann wir uns nur gemeinsam durchwurschtelten. Tetzner brachte Cohinoor und mich bis zu Zweierwechseln, zwei Sprünge Rechtsgalopp, dann zwei Sprünge links. Und er brachte mir bei, auch andere Pferde eigenständig bis dorthin zu fördern. Weiter bin ich nie gekommen. Die Bewegungsabläufe bei Einerwechseln, wie sie in Dressurprüfungen der schwersten Klasse gefordert werden, sind für mich zu schnell, ich komme da gedanklich nicht mit. Wahrscheinlich weil ich, wie mein Sohn Andreas bei anderen Gelegenheiten grinsend sagt, die »*Reaktionszeit einer Wanderdüne*« habe.

Wie auch immer, für Zweierwechsel reichte es locker und als ich diese Tetzners anderen Schülern vorführen durfte, atmete ich doppelt auf: Endlich Bestätigung! Endlich eine herausgehobene Position! Endlich etwas, was mein Pferd und ich gut machten! Das zweite Durchatmen galt der Erkenntnis, wie sehr mein niemals lobender Lehrer selber Lob brauchte. Auch er zog das Vergnügen an seiner Arbeit nicht daraus, mir etwas beigebracht zu haben, sondern er gab damit an, wie schnell oder wie gut ihm dies im Vergleich zu anderen Reitlehrern gelungen war.

KAPITEL 7

Als Pferdehändler ungeeignet

*»Herbert Blöcker meint, das Pferd
hat zu wenig Herz.«*

Cohinoor war vermutlich das schönste Pferd, das ich je besessen habe. Kari jedenfalls lächelt bis heute verzückt, wenn von ihm die Rede ist. Er sah aus wie ein Modellathlet, ideal proportioniert, glänzendes schwarzbraunes Fell ... Er war einfach schön. Und er war sehr lukrativ.

Ich hatte einige Zeit selber gezüchtet, hielt dafür nacheinander zwei Trakehnerhengste auf unserem Hof und verkaufte über die Jahre ungefähr achtzig Absatzfohlen. Ich gab sie also weg, bevor ich mein Herz zu sehr an sie hängen konnte. Außerdem habe ich mich immer damit getröstet, dass Trakehner so einen speziellen Nimbus, einen Ruf haben, mit dem hoffentlich nur Menschen etwas anfangen können, denen diese Pferde eine Herzensangelegenheit sind.

Irgendwann kam ich auf die Idee, junge Pferde zu kaufen, einzureiten und so weit auszubilden, bis ich sie mit Gewinn verkaufen konnte. Ich meine, durch eine Zeitungsanzeige auf einen Züchter in Dithmarschen aufmerksam geworden zu sein, der mehrere junge Holsteiner im Angebot hatte. Gemeinsam mit einem unserer Stammgäste, der unter anderem die Inhaber eines großen Vollblutgestüts in Zuchtfragen beriet, fuhr ich einmal quer durch Schleswig-Holstein von der Ost- an die Nordsee und war rundum begeistert. Sowohl von den Pferden als auch von den Haltungsbedingungen: Der Landstrich an der Westküste ist flach wie ein Bügelbrett und nur dünn besiedelt.

So eine Gegend, in der man freitags schon sehen kann, wer sonntags zu Besuch kommt.

Cohinoor stand mit einigen gleichaltrigen Kollegen auf einer riesigen Weide. Ich weiß noch, dass wir einen scheinbar endlosen Zaun entlangfuhren, bis wir an deren Eingangstor ankamen. So sehr ich die immer wieder von Knicks unterbrochene, hügelige Landschaft meiner Heimat an der Ostsee mag, das topfebene Land im Westen bietet enorme Vorteile: es ermöglicht Pferden einen freien Überblick. Sie sehen vermeidliche Gefahren schon aus so großer Entfernung, dass sie mit ihrer eigenen Fliehfähigkeit fast nur Erfolgserlebnisse verbuchen. Das gibt ihnen Sicherheit und hilft deshalb bei ihrer Ausbildung.

Ich übernahm Cohinoor dreijährig, stellte ihn erst sehr erfolgreich auf Material- und Eignungsprüfungen vor, ritt später, wie gesagt, auf A- und L-Niveau in Dressur-, Spring- und Vielseitigkeitsprüfungen. Und ich holte ihn zu Tetzner. Als ich von dort zurückkam, ging ich wieder auf Turniere und wurde dort eines Tages von einem Pferdehändler angesprochen.

Ausgerechnet von dem Händler, der mir so unsympathisch erschien, dass ich schon vorher beschlossen hatte, ihm niemals ein Pferd zu überlassen. Andererseits hatte ich Cohinoor ja angeschafft, um ihn auszubilden und dann weiterzuverkaufen. Aber doch bitte nicht an so einen Typen! Als ich nach einer Prüfung am hingegebenen Zügel vom Springplatz ritt, stand er plötzlich vor mir, tätschelte meinem Pferd den Hals, guckte zu mir hoch und fragte nach meiner Preisvorstellung. Ich schwankte, druckste herum und nannte dann eine Summe, die mir so unrealistisch erschien, dass ich dachte, damit hätte sich die Sache erledigt: umgerechnet zwanzigtausend Euro! Das ist für mich natürlich bis heute sehr viel Geld, damals war es gigantisch. Und was machte der Händler? Er murmelte: »*Ich komme darauf zurück«*, und ging seines Weges. Nur ein paar Tage später kam er mit einer sehr nett wirkenden Familie, deren Sohn ein Vielseitigkeitspferd suchte, auf unseren Hof. Der junge Mann probierte Cohinoor aus und half ihm sehr gefühlvoll über Sprünge in einer Höhe, die das Pferd bis dahin nicht kannte. Ich weiß noch, dass wir die paar Hindernisse, die ich auf dem Reitplatz hatte, mit Ziegelsteinen erhöhten. Mein schönes Pferd segelte voller Vertrauen in den Menschen darüber, als sei es seine leichteste Übung.

Zum Springen gezwungen

Während seiner Ausbildung hatte ich ihn einmal damit erschreckt, dass ich direkt hinter der kurzen Seite eine Mauer aufbaute. Ich war vorher sehr fröhlich mit ihm auf dem Platz herumgejoggt, er lief frei neben mir her, wir hüpften über Cavalettis, von außen betrachtet hatte es wahrscheinlich was von einer Spielstunde. Bis ich ihn die kurze Seite entlang auf die Mauer, ein für ihn fremdes Hindernis, zutrieb. Weil es für mich als Fußgänger zu hoch war, sollte er es allein überwinden. Und das am besten ohne groß darüber nachzudenken. Er bremste abrupt ab und ich – voll in der Überzeugung, ihm das nicht durchgehen lassen zu dürfen – machte von hinten so viel Druck, dass er doch sprang. Im wahrsten Sinne des Wortes über seine Unsicherheit hinweg. Im ersten Moment war ich ganz zufrieden damit, ihn vor einem fremden Hindernis so ausgetrickst zu haben. Im zweiten Moment konnte ich es nur noch bedauern: Cohinoor lief nicht mehr mit mir mit und weigerte sich am nächsten Tag, überhaupt den Platz zu betreten. Ich habe Wochen gebraucht, um sein Vertrauen zurückzugewinnen.

Und jetzt wollte ich ihn verkaufen? Ja, weil ich es so geplant hatte und ihn mir bei dieser netten Familie und dem sehr fein reitenden

Sohn gut vorstellen konnte. Tatsächlich meldete sich der Händler wieder und gab einen Termin für die Abholung des Pferdes durch. Er erschien auf die Minute pünktlich – und erwähnte in einem Nebensatz, dass sich das Geschäft mit der Familie, die ich kennengelernt hatte, zerschlagen habe. Aber er fände garantiert noch andere Interessenten. Ich stutzte und merkte, wie sich in mir ein dumpfes Gefühl, eine Mischung aus Angst und Widerwillen, ausbreitete: Mein Pferd würde nicht zu diesen netten Leuten gehen, sondern wer weiß wo landen. Ich kann kaum beschreiben, wie hin- und hergerissen ich war: Einerseits drehte sich mir bei dem Gedanken, den Wallach in eine so ungewisse Zukunft zu schicken, der Magen um. Andererseits galt beim Pferdehandel der Handschlag. Und dann diese gigantische Summe! Zwanzigtausend Euro! Der Wahnsinn! Was also tun?

Fast hätte mir das Pferd diese Entscheidung abgenommen: Cohinoor war bei jedem Turnier, auf dem Weg nach Reutlingen und so weiter, immer problemlos in den Transporter gestiegen. Jetzt, vor der Rampe des Händler-Hängers, sprang er nach rechts und nach links, riss den Kopf hoch, rollte die Augen. Als wir ihn mit aller Macht in den Transporter ziehen wollten, stieg er, stand senkrecht vor uns und paddelte mit den Vorderbeinen in der Luft. Ich hatte große Sorge, dass er sich überschlagen könnte. Er kämpfte so sehr mit uns, wie ich mit mir.

Signalisierte mir hier ein Pferd, dass es nicht abgegeben werden wollte? Oder spiegelte es meine Anspannung? Ich wusste weder ein noch aus. Und das Pferd wusste es offensichtlich auch nicht. Trotzdem gab es kein Zurück. Die Erinnerung an diesen Moment tut mir bis heute weh, aber ich habe ihn abgegeben. Irgendwann, mit viel Hauruck und Haudrauf hatten wir ihn auf dem Hänger und der Händler zog mit ihm von dannen.

Ich stand auf der Einfahrt des Hofes, das Herz klopfte mir bis zum Hals. Und was tat ich? Ich brachte den braunen DINA5-Umschlag mit dem dicken Batzen Geldscheine ins Büro und erklärte Kari, die Idee, junge Pferde liebevoll auszubilden, um sie dann gegen möglichst viel Geld wieder abzugeben, sei für mich gestorben.

Cohinoor landete in einem Springstall nördlich von Hamburg, über den ich nur Schauergeschichten gehört hatte und wurde von dort in den, wie es damals noch hieß, Military-Stall des Holsteiner Verbands, weitergereicht. Der sehr erfolgreiche Olympiateilnehmer Herbert Blöcker probierte ihn aus und erzählte mir, als ich ihn kurz darauf bei einem Turnier traf, dass er ihn zwar sehr sympathisch gefunden, aber letztlich als nicht mutig genug erlebt habe: *»Das Pferd hat nicht genug Herz zum Springen.«* Ich weiß noch, dass ich dazu voller Überzeugung nicken konnte: Genau diese Erfahrung hatte ich beim Überfall an meiner selbst gebauten Achtzigzentimeter-Mauer ja auch schon gemacht.

Cohinoor zog wieder um, diesmal in einen Dressurstall. Für mich war er jetzt dort angekommen, wo ich ihn von Anfang an am ehesten gesehen hatte. Dort habe ich ihn einmal besucht und war von der Atmosphäre und dem Umgang mit Pferden, wie er dort zu beobachten war, ganz angetan. Leider verbaute ein Röntgenbefund seinen Weg in den ganz großen Sport. Irgendetwas stimmte mit einem seiner Knochen nicht. Für versammelnde Lektionen wie Piaffe und Passage war er nicht geeignet. Richtig erleichtert, man könnte auch sagen mit meiner Entscheidung ihn abzugeben versöhnt, war ich letztlich, als er an eine ältere Dame verkauft wurde, die ihn zum Spazierenreiten nutzte.

Wie gesagt, ich selber hatte Cohinoor im großen Sport gesehen. Die Frage ist nur, wie man die Tiere darauf vorbereitet. Blöcker beispielsweise stand in dem Ruf, ein sensibler Reiter zu sein. Der Händler, dem ich Cohinoor verkaufte, nicht. Eher im Gegenteil. Zum Glück blieb er dort ja nicht lange. Man könnte also sagen, diese Geschichte sei gerade noch mal gut ausgegangen. Aber wenn man es mit einer Aussage aus dem Buch »*Der kleine Prinz*« hält, dann ist man für das verantwortlich, was man sich vertraut gemacht hat. Deshalb verlässt heute so gut wie kein Pferd, für das wir einmal verantwortlich waren, das wir in unsere Familie aufgenommen haben, jemals wieder unseren Hof. Drei- oder viermal habe ich Pferde aus meinem Schulbetrieb an langjährige Schüler abgegeben, den Kontakt zu ihnen aber immer behalten. Es waren Fälle, in denen ich überzeugt war und bin, dass die neuen Besitzer mehr für sie tun konnten und können als ich.

Das einäugige XL-Sensibelchen

So zog beispielsweise unser langjähriger Herdenchef Gaston im November 2013 in ein noch schöneres Leben nach Hamburg. Er war fünfjährig, noch als Hengst zu uns gekommen, weil er auf dem rechten Auge blind war und deshalb keine Chance auf eine Zulassung für die Zucht hatte. Gaston ist körperlich ein sehr mächtiges Pferd, um die 1,75 Meter groß und nachtschwarz. Wir haben ihn legen lassen und trotzdem waren schon an dem Tag, an dem er erstmals in unserer Herde lief, sämtliche Stuten rossig.

Seine Anziehungskraft auf die Damenwelt ließ auch nicht nach, als ihm das immer wieder entzündete Auge entfernt werden musste. Über die leere Augenhöhle wuchs Fell und wir schafften es, Gaston seine standardmäßige Verteidigung gegen alles, was rechts von ihm passierte, abzutrainieren. Er hatte es sich angewöhnt, auf jede Unruhe auf seiner blinden Seite quasi prophylaktisch mit Abwehr zu reagieren. Dann drehte er sich blitzschnell um und schlug im wahrsten Sinne des Wortes blindlings auf alles ein, was er eben nicht sehen konnte. Das machte es anfangs ziemlich schwierig, ihn auf der rechten Hand zu longieren, weil er auch den Menschen am anderen Ende des Bandes als eine solche Unruhe empfand.

Aus meiner heutigen Sicht habe ich anfangs viel zu hart darauf reagiert und, sicherlich auch aus Angst vor seiner imposanten Hinterhand, zurückgeschlagen. Als 2013 ein anderes Pferd aus meiner Herde, der Vollblüter Traminer, nach einer Schädeloperation auf einem Auge erblindete, konnte ich deutlich strukturierter zu Werke gehen: Ich trainierte ihn vom Boden aus ganz gezielt auf Stimmkommandos und Berührungen.

In unserer Herde war Gaston die unangefochtene Führungspersönlichkeit und wer das nicht akzeptierte, wurde ganz pragmatisch in die Schranken gewiesen: Ich habe wirklich beobachtet, dass er ein anderes Pferd, Taronne, so sehr anrempelte, dass es stürzte. Ich ließ die ganze Herde in der Halle frei laufen und Taronne fiel dadurch auf, dass er immer wieder aus der Mitte auf die außen herumtrabenden Kollegen lossprang und versuchte, ihnen in den Widerrist zu beißen.

Irgendwann wagte er sich tatsächlich an den fast doppelt so schweren Gaston heran. Der lief auf der linken Hand, konnte den Angreifer also sehen. In einer scheinbar einzigen Bewegung klappte er die Ohren dicht an den Kopf, rollte so mit dem Auge, dass ich viel Weiß zu sehen bekam, schoss mit aufgerissenem Rachen auf Taronne zu und rammte ihn mit voller Wucht an der Schulter. Der Aufprall war so heftig, dass er Taronne von den Beinen riss und er der Länge nach hinschlug.

Nach dieser Explosion stieg Gaston relativ gelassen über den Hals des am Boden liegenden Störenfrieds hinweg und reihte sich, als ob nichts gewesen wäre, wieder zwischen den anderen Pferden ein. Noch nie hatte ich so einen gewaltigen Angriff erlebt. Es war, als ob eine

Dampfwalze explodierte. Ein Bild, dass ich nie wieder aus dem Kopf bekam und das vermutlich dafür sorgte, dass ich danach eher zu hart als zu weich mit Gaston umging. Wenn er mir gegenüberstand und nur andeutungsweise die Ohren zurückklappte, sah ich sofort Taronne am Boden liegen und stellte mir vor, dass ich nach einer derartigen Attacke nicht einfach wieder aufstehen würde.

So mächtig er einerseits war, so sehr konnte Gaston aber auch ein Hasenfuß sein. Von ihm und von seinem Nachfolger Justy lernte ich, dass es oft die am stärksten wirkenden Pferde sind, die vom Menschen den meisten Halt, die meiste Unterstützung brauchen. Vielleicht weil sie unter ihren Artgenossen keinen haben, den sie für kompetenter halten als sich selbst. Niemanden, hinter dem sie sich verstecken können.

Zwar kann in vermeidlichen Gefahrensituationen auch mal jemand aus der zweiten oder dritten Reihe vorangehen. Letztlich müssen die ranghöchsten Pferde es aber so empfinden, dass die Verantwortung für das eigene Leben immer an ihnen hängt – während alle anderen, die sich für weniger kompetent halten, diese leicht abgeben können. Wahrscheinlich sind die Ranghöchsten deshalb oft misstrauischer und schwerer von der Vertrauenswürdigkeit des Menschen zu überzeugen als ihre Kollegen.

Das sieht man auch daran, dass wir für den Anfängerunterricht eher rangniedrige als ranghohe Pferde einsetzen. Wer in der Hierarchie weiter unten steht, ist es gewöhnt, sich anzuvertrauen.

Silke hatte so ein sehr rangniedriges Pferd, ihren Paul. Und sie sagte mal, wenn ein Gänseblümchen laufen könnte, würde Paul sich auch von ihm führen lassen. Dreiundzwanzig Jahre, so lange hatte sie dieses ursprünglich vollkommen verunsicherte Pferd, hat sie daran gearbeitet, ihm Mut zu machen und erste Erfolge dabei mit den Worten »*So ein Glück! Mein Pferd wird frech!*« bejubelt.

Bei ranghohen Pferden ist das zumindest für den Anfänger oder den ängstlichen Reiter kein Vergnügen. Im Gegenteil, von ihnen nicht als Führungsperson anerkannt zu sein, ist unter Umständen sehr gefährlich. Wer erfahren genug ist, kann es natürlich als besondere Freude, als großen Reiz sehen, mit so einem Pferd Freundschaft zu schließen.

Gerade in Bezug auf Gaston habe ich allerdings immer wieder Konstellationen erlebt, die für beide Seiten unpraktisch waren. Da so ein imposantes Pferd ja durchaus etwas hermacht, wünschten sich manchmal Schülerinnen, ihn zu reiten, die sich eigentlich vor ihm fürchteten, ihn beispielsweise schon nicht allein vom Paddock holen mochten. Leider brach dann immer mal wieder das Chaos aus, weil sich Mensch und Tier gegenseitig Angst machten: Bei Gaston schlug seine Sensibilität dann voll nach innen durch. Er fror ein, bewegte sich wenn überhaupt nur noch in Zeitlupe. Jeden halbherzigen Treibeversuch – und mehr schafft ein verängstigter Reiter in der Regel nicht – quittierte er mit noch mehr Erstarrung, bis er sich irgendwann Luft machen musste und beispielsweise lossprang. Das hat den Reiterinnen dann verständlicherweise noch mehr Angst gemacht.

Man kann es sich aufgrund des Größenverhältnisses schwer vorstellen, aber unsichere Menschen können (nicht müssen!) Pferden eine riesige Angst machen. Wenn es nicht so gefährlich wäre, könnte man es mit dem Cartoon vergleichen, in dem sich ein Elefant aus lauter Angst vor einer Maus auf einem Stuhl zusammenkauert. Wobei der Vergleich insofern hinkt, als dass die Maus ja keine Angst vor dem Elefanten hat.

Wie generell bei unsicheren Reitern kann Longenunterricht ein vernünftiger Kompromiss sein. Dabei orientiert sich das Pferd am Longenführer, unabhängig davon, was auf seinem Rücken veranstaltet wird. Ich erinnere mich an hinreißende Stunden, in denen unser Pferdefachwirt Sascha zwei kleine Mädchen, sie waren vielleicht sechs und acht oder neun Jahre alt, auf Gaston longierte und turnen ließ.

Die Kinder kletterten mit einer selbst gebauten Strickleiter an dem Pferd hoch, saßen im Galopp hintereinander auf seinem breiten Rücken, wechselten im Schritt die Positionen, sie stiegen also übereinander hinweg oder stützten sich auf dem stehenden Pferd gegenseitig beim Handstand. Und das einfach so, ohne dass Gaston vorher irgendwelche Erfahrungen als Voltigierpferd hätte sammeln können. Wie gesagt, keine Idee ist so verrückt, dass man ein Pferd nicht für sie gewinnen könnte – wenn man ihm dabei, wie Sascha es hier machte, eine kompetente Führung anbietet.

Wie schnell Gaston ängstlich wurde, erlebten wir bei seinem Umzug beziehungsweise eben Nicht-Umzug zu Silvia nach Hamburg. Sie hatte sich im Urlaub in ihn verguckt. Es kommt oft vor, dass sich Gäste während ihrer Zeit bei uns besonders für ein Pferd erwärmen und sich über die Reitstunden hinaus mit ihm beschäftigen. Ich wünsche diese zusätzliche Zuwendung jedem meiner Pferde und ermuntere auch Anfänger schon dazu, ihr Lieblingspferd vor oder nach dem Unterricht in der Box zu besuchen, es auf dem Paddock zu beobachten und – so wie die Kenntnisse es zulassen – vielleicht zu putzen, zu massieren oder mit ihm grasen zu gehen.

Bei Silvia war es noch mehr: Sie kam bereits als sehr erfahrene Reiterin zu uns, ließ sich aber trotzdem Stunde um Stunde von mir auf Gaston longieren, um sich immer noch besser in ihn einfühlen zu können. Wenn sie ihn allein ritt (und das tat sie schon nach wenigen Tagen auch im Gelände), ließ sie sich weder von seiner Angewohnheit einzufrieren, noch von gelegentlichen Hopsern irritieren. Sie lachte solche Störungen einfach weg und machte das einzig Richtige: sie trieb ihn vorwärts. Unendlich liebevoll aber gleichzeitig sehr bestimmt. Sie tauchte auch nach beziehungsweise zwischen ihren Aufenthalten bei uns immer wieder am Paddock auf, kam mal eben nach Feierabend aus Hamburg zu uns rausgefahren, um eine halbe

Stunde mit ihrem »*besten Kumpel*« grasen zu gehen ... Und sie überraschte mich eines Tages mit einer völlig unerwarteten Idee: Ich räumte nach dem Unterricht gerade Trensen und Sidepulls weg, als sie hinter mir in der Sattelkammer erschien und mich ganz direkt fragte, ob ich mir vorstellen könne, Gaston an sie abzugeben.

Ich sagte sofort »*Nein*«, setzte mich dann aber auf eine Kiste und hörte mir ihren perfekt ausgearbeiteten Übernahmeplan an: Sie hatte im Stall ihrer Wahl eine passende Außenbox reserviert, wusste, wie sein Training bei ihr ablaufen, welche Tierärztin sich im Notfall um ihn kümmern würde und wo sie das ihm vertraute, weil bei uns verwendete, Kraftfutter bestellen konnte. Sogar die Kosten für ihre täglichen Fahrten zwischen Arbeitsplatz und Stall hatte sie berechnet. Ich war völlig überrumpelt, habe mich aber in den folgenden Tagen mit Silke beraten und gemeinsam mit ihr entschieden, dass wir es ihm gönnen wollen.

Zwar hatte es immer mal wieder Gäste gegeben, die in einem zweiwöchigen Urlaub eine Beziehung zu unserem XL-Sensibelchen aufbauten, aber dann waren ihre Ferien zu Ende, sie fuhren nach Hause und Gaston beäugte misstrauisch den nächsten Schüler. Auch ein, zwei unserer einheimischen Reiter konnten ihn von ihren Führungsqualitäten überzeugen. Aber teilweise nur alle vierzehn Tage mal für eine Stunde. Ich habe viele Pferde, die damit meiner Meinung nach gut zurechtkommen. Gaston eher nicht. Deshalb wohnt er jetzt bei Silvia, was sich schon im Rahmen seines Umzugs als goldrichtige Entscheidung erwies: Seit seiner Augenoperation waren ungefähr zwölf Jahre vergangen. Seitdem hatte er keinen Hänger mehr von innen gesehen und weigerte sich bei ersten Verladeversuchen standhaft, daran etwas zu ändern. Wir hatten damit gerechnet, dass es nicht einfach würde. Dass er so sehr in Schwierigkeiten geraten könnte, war für mich nicht vorhersehbar.

Silvia hatte sich für den Start mit ihrem ersten eigenen Pferd zwei Wochen Urlaub genommen. Eine, um nochmal intensiv bei mir Unterricht mit ihm zu nehmen und um Verladetraining zu machen und die zweite, um ihm bei der Eingewöhnung in seinem neuen Zuhause quasi rund um die Uhr Hüfchen halten zu können. Eine sehr vernünftige Planung – zumindest aus menschlicher Sicht.

Ein paar Tage versuchten wir ganz behutsam, ihm das Einsteigen in einen normalen Hänger schmackhaft zu machen, aber er fror schon vor dem Betreten der Rampe ein und rührte sich nicht mehr. Also organisierten wir für den Tag seiner Abreise einen Hänger mit Frontausstieg. Da schaffte er es, hinten ein und vorne wieder auszusteigen. Wir atmeten auf – bis zu dem Moment, in dem wir mit Blick auf die Uhr (»*Jetzt müssen wir aber langsam los!*«), Ein- und Ausstieg verschlossen. Wir machten es eher schnell als überlegt – und Gaston verlor die Nerven: Als sich alle Klappen um ihn herum geschlossen hatten, fing er an zu toben.

Er war einfach noch nicht so weit, wirklich entspannt auf dem Hänger stehen zu können. Unser Verhalten muss deshalb wie ein Überfall auf ihn gewirkt haben. Wie blöd von uns, mehr an den Zeitplan als an seine Angst gedacht zu haben. Es krachte und knallte, der Hänger, der für Gaston wirklich keinen Zentimeter zu groß war, schwankte. Sascha versuchte noch, ihn durch die kleinere Fronttür zu erreichen. Er sah, dass Gaston zum Steigen ansetzte und beim Versuch, ihn festzuhalten, verdrehte das Pferd ihm den Arm und riss die Halterung der Stange vor seiner Brust aus der Wand. Sascha stürzte aus der Tür und wälzte sich, den Arm vor den Oberkörper gepresst, am Boden. Wir mussten Gaston wieder ausladen. Dabei war es ein Glück, dass seine zweite Verteidigungsstrategie das Einfrieren war. Als wir hinter ihm die Klappe öffneten, erstarrte er und ließ sich dann von mir zumindest halbwegs geordnet zum rückwärts Aussteigen überreden. Er war klatschnass geschwitzt, Silvia hatte Tränen in den

Augen, die anderen Helfer zitterten, Sascha hielt sich den schmerzenden Arm – wir hatten uns und vor allem das Pferd in eine völlig unsinnige Situation manövriert.

»*Nur, wenn er freiwillig mitgeht.*«

Am nächsten Morgen war es Silvia, die uns wieder auf den richtigen Weg brachte und jeden Leistungsdruck von ihrem »*besten Kumpel*« nahm: Sie bestellte statt des kleinen Anhängers einen großen Lkw und entschied vorab, auch ihn wieder leer nach Hause zu schicken, wenn Gaston beim Verladen irgendeine Angst zeigen sollte: »*Er bleibt so lange hier, bis er freiwillig mit mir gehen kann.*« In den Tagen zwischen den beiden Transportversuchen nutzte sie jede Minute, um ihr Pferd auf Waldwegen, im tiefen Matsch, auf einer kleinen Holzbrücke und jedem anderen Untergrund, den sie finden konnte, schrittweise zu bewegen.

Mit diesem Training, aber vor allem mit der inneren Freiheit, dass Gaston einsteigen könne, es aber nicht müsse, konnte sie ihn dann tatsächlich an die Hand nehmen und wie selbstverständlich in den Transporter begleiten. Ich bekomme jetzt noch eine Gänsehaut beim Gedanken an dieses Bild und an den ruhigen Schritt, mit dem er ihr auf die breite Rampe des Lkw folgte. Als würden sie mal eben über den Hof zum Grasen gehen. Tschüss Gaston! Es war einfach zum Heulen schön.

Unser ganzes Team und viele Gäste standen damals in der Einfahrt, winkten dem Transporter hinterher und tupften sich die Augen trocken. Allen voran Silke und ich. Wie das eben so ist, wenn Eltern ein Kind in die Selbstständigkeit entlassen. Es war, als würde ein Familienmitglied auswandern: Eigentlich freut man sich für denjenigen, der ins Abenteuer zieht, und trotzdem ist man traurig darüber, dass er geht. Silvia folgte dem Transporter mit ihrem eigenen Auto und erzählte uns hinterher, dass ihr während der gesamten Fahrzeit, ungefähr eineinhalb Stunden, die Tränen über das Gesicht liefen: Die sich lösende Anspannung, Rührung, Vorfreude ... sie muss wahre Sturzbäche geweint haben.

KAPITEL 8

Im Reitinstitut von Neindorff

*»Das machst du Mistbock
nicht nochmal mit mir!«*

In der Reithalle hingen Kandelaber und Ridinger Kupferstiche. Auf der Stallgasse wohnte ein wirklich übel stinkender Ziegenbock. Angeblich, weil er Krankheiten von den Pferden fernhielt: Anfang der 1970er-Jahre waren Kari und ich bei einer Vorführung im *»Reitinstitut von Neindorff«* in Karlsruhe. Noch mehr als die Beleuchtung und die Walzermusik, zu der auch während der normalen Arbeit geritten wurde, beeindruckte mich, wie lebhaft die Pferde dort waren. Ich hatte damals Probleme, meine Berittpferde richtig zu zünden und beschloss deshalb, bei Egon von Neindorff, dem viel gelobten Meister der klassischen Reitkunst, Unterricht zu nehmen.

Mehrere unserer Gäste hatten ihn mir empfohlen. Unter anderem der Chefreitlehrer des Stuttgarter Reitvereins, der seine Lehrlinge bei ihm weiterbilden ließ, und der Stammgast, der mich zum Kauf von Cohinoor nach Dithmarschen begleitet und dabei ja sehr gut beraten hatte. Er hieß Dr. Udo von Sowieso, war unheimlich freundlich – und er achtete sehr auf die Etikette. So bot er einer damaligen Mitarbeiterin meines Hofes nach Jahren der Bekannt- und Freundschaft nicht etwa das Du an, sondern er bedachte sie mit den Worten: »*Sagen Sie doch einfach Dr. Udo zu mir.*« Da er sich scheinbar generell in Kreisen wie denen von Neindorffs bewegte, eine wirklich sehr vertrauliche Geste. Das wurde mir aber erst bewusst, als ich, vermutlich war es 1973, an das Institut kam. War die gefühlte Distanz zwischen Lehrern und Schülern in Münster und Warendorf schon relativ hoch, lagen zwischen Neindorff und Leuten wie mir Welten. Wobei ich zugeben muss, dass er zumindest unsere Namen kannte. Er war vom Scheitel bis zur Sohle ein Herr und das »von« in seinem Namen empfand er, so zumindest mein Eindruck, als Verpflichtung: Er begrüßte Kari mit einem angedeuteten Handkuss, trug nur schwarze Jacketts mit weißen Hemden und steifen Kragen und hatte die dünnen Haare mit Pomade stramm aus dem Gesicht gekämmt.

Während des Unterrichts saß er oberhalb der Reithalle hinter einer Glasscheibe in einer kleinen Kammer. Seine Anweisungen gab er per Mikrofon. Schon dadurch klang es so, als sei er ganz weit weg. Sagte er nichts, kam weiche Walzermusik aus den Lautsprechern. Nicht, dass ich jemals im Ballsaal eines Schlosses getanzt hätte, aber das Reiten im Institut von Neindorff fühlte sich ungefähr so an. Zumindest in der größeren – es gab noch eine kleine, viel einfachere – der beiden Reithallen. Auf dem Boden lag so viel Hobelspäne, dass die Pferde darin fast lautlos und wie auf Wolken trabten. Dazu das weiche Licht und die gedämpfte Walzermusik – ich glaube, ich bin dort schon auf der Stallgasse aufrechter gegangen als normal.

Vor einem der Pferde, das ich dort ritt, hatte Neindorff mich ein bisschen gewarnt: Es sei manchmal etwas klemmig. Damit meinte er wohl, dass es ab und zu mitten im Unterricht die Beine in den Boden rammte und einfach stehen blieb. Genau das passierte, als ich an der Tete der Abteilung ritt. Hinter mir gab es folglich einen Auffahrunfall nach dem anderen: Zehn oder elf Pferde stießen, zumindest wenn ihre Reiter es nicht schafften, sie vorher anzuhalten, Nase an Hinterteil zusammen und alles wartete mehr oder weniger genervt darauf, dass sich das Verkehrshindernis, mein Pferd und ich, auf dem Hufschlag wieder in Bewegung setzte.

Ich kam ins Schwitzen und ließ auf dem armen Tier ein regelrechtes Unwetter niedergehen: zappeln, quetschen, schnalzen, mit den

Sporen pieken ... Wenn man nur selber genug in Not ist, hat man keine Zeit zu fragen, wie es dem anderen, in diesem Fall dem Pferd, gerade geht. Egal wie, ich wollte diese entwürdigende Situation nur schnell hinter mich bringen. Vorwärts! Aber dalli! Leider rührte sich das Pferd keinen Zentimeter.

Aus dem Mikrofon kam dazu nur eine Ansage, die ich vorher schon hunderte Male von Neindorff gehört hatte: »*Beine lang und Hände tief.*« Das rief er immer wieder. Als würde hinter der Glasscheibe eine Schallplatte mit Sprung laufen. Bis ich lange genug die Lachnummer gegeben hatte und widerwillig tat, was er sagte. Ich konnte mir zwar überhaupt nicht vorstellen, dass es irgendetwas bringen sollte, aber weil meine Methode ja auch versagt hatte, streckte ich die Beine gen Erde und nahm die Hände weiter runter. Das Pferd ging tatsächlich wieder los. Dabei war es das Letzte, was ich erwartet hatte. Meine überfallartige Art, mich durchsetzen zu wollen, hatte es offensichtlich so erschreckt, dass es nur noch blockierte. Mit dem sanften Bedrängen durch lange Beine und tiefe Hände kam Ruhe in die Situation. Und erst die ermöglichte es dem Pferd, so sehe ich es zumindest heute, aus seiner Erstarrung herauszufinden.

Das Camilla-Parker-Bowles-Prinzip

Dieses ruhige, sanfte Durchhalten machte mich gut zwanzig Jahre später zum Besitzer einer kleinen Herde: Einer unserer späteren Stammgäste, Herr Schulz, war mit seinem wunderschönen Anglo-Araber Hassan bei uns und ich kam dazu, als dieser sich standhaft weigerte, den Putzplatz am Waldrand zu betreten. Er stand vor unserer Reithalle und machte keinen Schritt. Herr Schulz zog vorne am Führstrick, jemand anderes klopfte dem stocksteifen Pferd mit dem Besen auf die Kruppe. Ich kam auf dem Weg zum Unterricht vorbei und hörte, dass Herr Schulz rief: »*Der hat nur Angst!*« Vor meinem geistigen Auge sah ich mich, wild treibend, auf dem klemmenden Schulpferd Neindorffs sitzen und fragte: »*Meinen Sie denn, dass er weniger Angst hat, wenn er auch noch mit einem Besen bedroht wird?*« Eigentlich war diese Frage ausgerechnet von mir regelrecht frech: Ich hatte schließlich selber immer wieder so lange schlechtes Wetter auf Pferden, die vor irgendetwas Angst hatten, fabriziert, bis sie sich vor mir noch mehr fürchteten und doch weitergingen.

Die Spätfolgen, beispielsweise, dass meine Stute Sabrina erst mit der iranischen Springreiterin überhaupt wieder ins Gelände ging, waren mir in solchen Momenten natürlich nicht bewusst.

Bei dem verängstigten Hassan wählte ich eine andere Strategie und versuchte es mit ruhigem Drängen an der Schulter. So lange, bis das Pferd einen Schritt zur Seite machte. Für diesen einen Schritt habe ich es bejubelt und gestreichelt, ihm einen Moment Pause gegönnt und dann genauso um den zweiten Schritt gebeten. Danach wieder eine Pause, dann den dritten und so weiter.

Silke nannte es das Camilla-Parker-Bowles-Prinzip. Warum? Weil die Dame, soweit der geneigte »*BUNTE*«-Leser es weiß, etwa dreißig Jahre mit Ruhe und Beharrlichkeit auf Prinz Charles gewartet hat.

Silke erklärte dazu immer, dass wir dann doch mal dreißig Sekunden oder auch drei Minuten auf ein Pferd warten könnten. Länger dauert es nämlich in der Regel nicht. Und wenn doch? Durchhalten! Herr Schulz war von dieser Methode jedenfalls ziemlich angetan. Wir kamen ins Gespräch, probierten weitere Dinge aus, die ihm scheinbar gut gefielen. Dabei kam heraus, dass er seinen Hassan im Gelände nur sehr schwer händeln konnte. Egal, was so am Wegesrand stand oder lag – Mülltonnen, eine Plastiktüte, Papierschnipsel – das Pferd starrte darauf und wenn es dann getrieben wurde, stieg es, drehte sich, auf den Hinterbeinen stehend, in Richtung Heimat um und ging nach Hause.

Als Herr Schulz mal wieder nach nur zehn Minuten unfreiwillig vom Ausreiten zurückkam – er hatte es trotz eines Serien-Unwetters, das er auf Hassan niedergehen ließ, nur bis ans Ende unseres Grundstücks geschafft – bat er mich um Hilfe.

Ich habe mir von seinen bisherigen Erfahrungen berichten lassen, bin Hassan dann zum Waldrand geritten und von da an lief das Programm exakt wie angekündigt: Der Wallach starrte auf ein im Gebüsch liegendes Stück Pappe, ich trieb, er stieg ganz sachlich in die Höhe – und als er gerade kehrt machen wollte, lenkte ich gegen. Ebenfalls in aller Ruhe, woraufhin er sich wieder auf seine vier Hufe stellte. Und dann haben wir gewartet, gewartet und nochmal gewartet.

Wann immer das Pferd fragte, ob es jetzt nach Hause ging, richtete ich ihn wieder auf die Pappe aus und ließ ihn gucken. Zwischendurch trieb ich behutsam und freute mich wie Bolle, wenn er zwei, drei Schritt vorwärts machte. Egal, ob er auf zwei oder auf vier Beinen stand, ich erlaubte ihm einfach nicht umzudrehen und auf die Idee rückwärtszuschießen, kam er zum Glück nicht.

So tasteten wir uns von einem gefährlichen Gegenstand am Wegesrand bis zum nächsten. Nach jedem Stocken ging er freiwillig ein paar Schritte mehr als vorher.

Drei Tage lang ritt ich ihn jeweils eine Stunde ins Gelände. Herr Schulz fuhr mit seinem Jeep hinter mir her, schickte mich an befahrenen Straßen entlang, durch die Dörfer und den Wald. Für mich waren es richtig schöne Ausritte, weil das Pferd verstanden hatte, einverstanden war und einfach vorwärtsging.

Dann übernahm Herr Schulz wieder selbst – sowohl das Pferd als auch das Prinzip des sanften Drängens. Die Ruhe und Beharrlichkeit dieses Prinzips war so etwas wie der Türöffner zu unserer immer freundschaftlicher werdenden Beziehung, die in den 1990er-Jahren auf schrecklichste Weise beendet wurde: Herr Schulz kam bei einem Autounfall ums Leben. Seine Angehörigen waren quasi über Nacht

Nacht für das Wohlergehen seiner sieben Pferde verantwortlich und meinten, es wäre sein Wunsch gewesen, dass diese bei mir ein neues Zuhause finden sollten. Der Jüngste von ihnen, Karim, war damals ein Jahr alt. Er lebt bis heute bei uns.

Den Frust am Pferd auslassen

Im Institut von Neindorff gab es jede Menge Pferde mit irgendeiner Spezialausbildung: Einer konnte besonders gut piaffieren, ein anderer passagieren, fliegende Wechsel und so weiter. Einerseits war das super, um mal zu erleben, wie sich das, was man als Ziel hatte, anfühlen sollte. Andererseits war es, als würde man ein Keyboard spielen, dessen Tasten sich von allein bewegten. Dessen sollte man sich bewusst sein, wenn man auf einem Pferd sitzt, das sehr ausgefeilt ausgebildet ist und bestimmte Lektionen auf Knopfdruck zu beherrschen scheint. Sonst entsteht ein trügerisches Gefühl von Sicherheit.

Ab und zu stieg der Meister von der Tribüne runter in die Halle, um uns die speziellen Fähigkeiten eines Pferdes an der Hand vorzuführen. Ich weiß noch, dass ich sehr beeindruckt von seinem Ideal war, einem piaffierenden Pferd eine volle Kaffeetasse auf die Kruppe stellen zu können. Allerdings, und das machte ihn mal einen Moment nahbar, gestand er auch, es selber bisher nur zu einem dort liegenden Hut gebracht zu haben.

Einmal wollte er uns das Piaffieren mit dem Lipizzaner zeigen, den ich gerade ritt. Er nahm ihn, mit mir im Sattel, an die Hand – und es klappte gar nichts. Sobald er ihn an der Hinterhand touchierte, sprang der Schimmel seitlich von ihm weg. Immer wieder, bis er irgendwann zu mir hoch sah und laut fragte: »*Herr Marlie, was haben Sie denn die ganze Woche mit ihm gemacht?*« Was soll man darauf Kluges antworten?

Wir haben das Experiment dann abgebrochen. Neindorff entschwand wieder in seine Kemenate und ich ritt halb ratlos, halb ärgerlich weiter. *»Was haben Sie denn die ganze Woche mit ihm gemacht?«* Seine Frage dröhnte mir förmlich in den Ohren. Bis dahin dachte ich, das relativ verspannte Pferd sehr liebevoll, viel in der Dehnungshaltung geritten zu haben und hatte dafür auch mal so etwas Ähnliches wie ein Lob von Neindorff kassiert.

Jetzt verstand ich gar nichts mehr und wusste nur, dass ich weder von ihm, noch von dem Pferd noch einmal so vorgeführt werden wollte. Also warf ich meinen Ansatz, dem Pferd helfen zu wollen, über Bord und habe, besonders wenn ich in Neindorffs totem Winkel, also unterhalb seiner Kammer entlangritt, vorne festgehalten und hinten gequetscht: *»Das machst du Mistbock nicht noch mal mit mir.«*

Wir haben die Stunde irgendwie hinter uns gebracht und mein Ärger über Neindorffs abschätzige Bemerkung und seine aus meiner Sicht fehlende Hilfestellung verrauchte relativ schnell – zumindest im Gegensatz dazu, wie lange mich Gewissensbisse gegenüber diesem Pferd plagten. Es konnte ja nun wirklich gar nichts dafür, sondern hat einfach nur nicht verstanden, was es sollte. Es war dieses schmutzige Gefühl, dass man mit keinem klärenden Gespräch aus der Welt schaffen, sich mit keiner Dusche abwaschen kann. Die Weste wird eben nicht wieder weiß. Ich war so dermaßen enttäuscht von mir selber, ich glaube, ich habe nicht mal Kari davon erzählt.

Ich weiß inzwischen, dass es doppelt unpraktisch war, meinen Frust bei dem nicht piaffierenden *»Mistbock«* abzuladen: Wie gesagt, er konnte weder für Neindorffs noch für meinen gefühlten Gesichtsverlust irgendetwas. Außerdem gehe ich heute davon aus, dass Pferde nur aus zwei Gründen nicht das tun, was wir uns wünschen: Entweder, weil sie es nicht verstehen oder weil sie Angst haben. Sie dafür zu bestrafen, sie zusammenzuziehen, zu verhauen, ihnen unsere Zuneigung zu verweigern, sie in irgendeiner Form zu bestrafen – es ergibt für mich keinen Sinn mehr.

Das ist einfach gesagt, aber natürlich schwer umzusetzen. Besonders wenn man sowieso schon spät dran ist, es regnet und beispielsweise das bisher so verladefromme Pferd einfach nicht auf den Hänger will. Oder wenn man vor Publikum scheitert. Dann wird aus »*Herzchen*«, »*Schatzi*«, oder wie auch immer Pferde vor allem von der Damenwelt so genannt werden, ziemlich schnell ein »*Mistbock*«. So wie die Angst wächst, schmilzt die Empathie. Ich denke, das ist einfach ein Naturgesetz.

Dabei sachlich und dem Pferd selbst dann zugewandt zu bleiben, das macht für mich heute den echten Pferdefreund aus und ich muss gestehen, dass auch ich es trotz der Erfahrung bei Neindorff noch nicht immer schaffe. Aber es gelingt mir inzwischen öfter und ich habe echte Vorbilder unter unseren Schülern: beispielsweise Melanie.

»*Liiiiiebling*«

Sie kümmerte sich über zehn Jahre so intensiv um eines unserer Schulpferde, dass ich es ihr 2010 ganz überließ. Merlin wohnt bis heute auf unserem Hof und wenn mich ihr Bemühen, ihm wirklich jedes Steinchen aus dem Weg zu räumen, manchmal auch stresst, beneide ich Melanie darum, dass sie ausschließlich positiv von ihrem Pferd denkt. Sie kann es gar nicht anders und erlebt deshalb nur Glücksmomente mit ihrem »*Liiiiiebling*«.

Wenn er auf der Stallgasse einen vollen Wassereimer umschmeißt, dann hätte der da eben nicht stehen dürfen. Wenn er das neue Weidetor annagt, sollen wir doch gefälligst anderes Material verwenden und selbst als er ihr mit einem Huftritt das Jochbein brach, war vielleicht jeder andere auf dem ganzen Hof schuld, aber nicht ihr Pferd.

War es ja auch nicht. Es war eine Verkettung unpraktischer Umstände, ein Unfall.

Aber egal, was es aus menschlicher Sicht auch immer ist, ein Pferd macht jederzeit nur das, was ihm gerade praktisch erscheint und es ist ihm nicht gegeben, darüber zu reflektieren, was das für ein anderes Lebewesen bedeutet. Und wenn man es mal ganz konsequent zu Ende denkt, dann ist das bei Menschen in bedrohlichen Situationen auch nicht anders.

Daran versuche ich jetzt auch in Bezug auf Neindorff zu denken. Denn ich hatte damals, abgesehen von »*Hände tief, Beine lang*« nicht das Gefühl, viel bei ihm zu lernen. Dabei ist Egon von Neindorff in der Reiterwelt noch immer ein klangvoller Namen, ein sehr anerkannter Meister seines Faches, der es geschafft hat, einen Unterstützerkreis um sich zu versammeln, der sein Erbe bis heute pflegt.

Vielleicht kann ich es auch nicht besser

Ich weiß noch, dass ein paar andere Schüler und ich ihn unbedingt mal selbst im Sattel erleben wollten. Das war im normalen Tagesgeschäft aber nicht zu beobachten. Neindorff ritt, so erzählte man sich, meistens erst zu später Stunde. Deshalb verabredeten wir einen Abend, an dem meine Reitkollegen, Kari und ich uns so lange im Stall herumdrückten, bis wir Hufgeklapper hörten: Neindorff kam auf seinem Lipizzaner Jaguar die Stallgasse entlanggeritten. Im Halbdunkel sahen wir erst nur die Glut seiner Zigarre leuchten. Als er auf uns aufmerksam wurde, stutzte er kurz, zog den Stumpen für einen Moment aus dem Mundwinkel und nickte mit dem Kopf: »*Aha, aha, die Dame, meine Herren ...*«

Dann ließ er den Schimmel in die Halle marschieren und tat zumindest so, als würde er uns nicht weiter wahrnehmen. Kari erinnert sich noch daran, dass er Jaguar über die Mittellinie steppen ließ, dabei halb amüsiert, halb ernsthaft immer wieder »*Ach Gott, ach Gott, ach Gott!*« oder »*Nicht so doll*« rief und die Asche seiner Zigarre in die Hobelspäne auf dem Boden schnippte. Auf mich wirkte das Ganze eher unkontrolliert. Es bestärkte mich in dem Eindruck, dass die Neindorff-Pferde vor allem deshalb so lebhaft wirkten, weil sie enorm unter Spannung standen. Aber wie gesagt, ich war damals ein Fehlergucker und den Beweis, dass ich es hätte besser machen können, musste ich ja nicht antreten.

Wenn mich heute Gäste fragen, ob sie mir beim Reiten zugucken dürfen, frage ich sie, was sie da sehen möchten. Von mir ausgehend nehme ich an, dass sie irgendwelche Spitzenleistungen erwarten oder Fehler suchen wollen. Wahrscheinlich fühlte ich mich deshalb ziemlich erwischt, als eine junge Frau einmal antwortete: »*Ich möchte sehen, wie viel Vergnügen du beim Reiten hast.*« Ups!

Ich musste mich also an meinen eigenen Worten messen lassen und tatsächlich mal überlegen, wie viel Spaß mir das Reiten denn machte. Oder war das Vergnügen nicht auch bei mir abhängig von der Leistung, die ich gerade zustande brachte? Obwohl ich doch ständig bewerbe, dass Reiter und Pferde einfach Freude am gemeinsamen Tun haben sollten. Egal, ob am langen Zügel im Schritt oder in Galopp-Pirouetten.

Ich glaube, mir beim Reiten zuzusehen ist manchmal ähnlich spannend, wie einen Mönch beim Meditieren zu beobachten. Vor allem wenn ich mal wieder eine Phase habe, in der ich meine Überzeugung »*Das wahre reiterliche Glück entsteht im Halten und im Schritt*« überprüfe: Ich kann stundenlang auf einem Pferd kleinste Bewegungsstudien machen, indem ich es ganz gezielt jeden einzelnen Huf setzen lasse, jeden Schritt wie ein eigenes kleines Kunstwerk zu inszenieren versuche.

Solche Übungen empfehle ich auch den vielen Schülern, die nach schlechten Erfahrungen beim Reiten zu uns kommen, um neuen Mut zu fassen. Fangt klein an! Es gibt einen Unterschied zwischen Dingen, die spektakulär aussehen und denen, die sich vielleicht spektakulär anfühlen.

Wenn ich reite, fühle ich in die Zukunft. Ich versuche herauszufinden, wie ich das Pferd so unterstützen kann, dass es seine Möglichkeiten entfaltet.

Und ich muss gestehen, dass ich dabei nicht immer perfekte Bilder abliefere. Beispielsweise mit einem Trakehner-Wallach, der bei der Verteilung des idealen Körperbaus das »*Hier*« rufen vergessen hat: Unser Sterni hat eine sehr ausgeprägte natürliche Schiefe und ich vermute, dass er sich als Jungpferd mal kräftig an der Hüfte verletzt hat. Außerdem dürfte in seiner Prägephase einiges unglücklich gelaufen sein: Wer als Fohlen nicht versteht, wie man sich in einer Herde einsortiert, tut sich damit immer schwer. Sterni hat es bis heute nicht wirklich gelernt. Ich reite ihn so besonders gern, weil mich seine Hilfsbedürftigkeit anrührt und es mir großen Spaß macht, ihn zu unterstützen.

So wie ein Arzt vermutlich mehr Freude daran hat, einem wirklich Kranken zu helfen, als sich nur mit eingerissenen Fingernägeln und Schnupfen zu beschäftigen.

Einmal fragte mich eine Schülerin, warum ich ihn im Hals so eng machte. Ich stutzte, musste einen Moment überlegen und antwortete dann: »*Ich kann es gerade nicht besser.*«

Sollte ich jemals so weit sein, dass ich mich auf ein Pferd setzen und auf der Stelle das perfekte Gefühl, das perfekte Bild, einfach den perfekten Eindruck liefern kann, dann hat sich die Reiterei für mich erledigt. Dann ist sie so spannend wie ein fertiges Puzzle oder ein ausgefülltes Kreuzworträtsel. Zum Glück bin ich hundertprozentig sicher, dass das nie passieren wird.

Im Gegenteil. Ich kann mich auf dem (niemals endenden) Weg dorthin so sehr in Details vertiefen, dass ich darüber Zeit und Raum vergesse. Als wir Anfang der 1970er-Jahre unsere Reithalle gebaut hatten, musste Kari öfter nachts aus unserer Wohnung runterkommen, um mich daran zu erinnern, dass ich trotz aller Begeisterung ein bisschen Schlaf brauchen könnte. Manchmal geht mir das heute noch so. Mit dem Unterschied, dass Kari dann nicht mehr in Nachthemd und Bademantel durch die Dunkelheit tappt, sondern auf meinem Handy anruft.

Apropos anrufen: In Neindorffs Kammer über der Reithalle stand ein Telefon und die einzige Möglichkeit, ihn persönlich zu erreichen war, so schien es mir, während der Unterrichtszeiten dort anzurufen. Er telefonierte ziemlich viel, was für meine Mitreiter und mich manchmal zur Herausforderung wurde: Ich erinnere mich, dass wir in einer relativ großen Abteilung mit ungefähr fünfzehn Leuten ritten. Neindorff hatte gerade verkürzten Arbeitstrab angesagt – da klingelte sein Telefon. Er nahm ab und wir trabten weiter. Er telefonierte und wir trabten. Und trabten. Und trabten. Um mich herum war Ächzen und Stöhnen zu hören, mir tat mein Pferd, auf dem ich wie angeklebt aussaß, leid. Aber wir trabten. Ich versuchte, das Beste daraus zu machen und konzentrierte mich auf meinen Sitz: Schultern runter, Fußgelenke lockern, Atemzüge zählen … Gefühlt waren wir mindestens eine Viertelstunde so unterwegs und Kari, die mir beim Unterricht meistens zusah, bestätigt meine Erinnerung: *»Es war wirklich sehr, sehr lange.«*

Wenn ich diese Episode heute irgendwo erzähle, fragt fast jeder, warum wir denn nicht einfach aufgehört hätten? Die Antwort ist schnell gegeben: Weil es unvorstellbar war, etwas anderes zu machen, als die Anordnungen Neindorffs zu befolgen. Selbst dann, wenn er, statt Unterricht zu geben, ein Dauertelefonat führte. Niemals hätte ich mich getraut, eigenmächtig durchzuparieren. Und dem Reiter an der Tete schien es genauso zu gehen.

Klaus Ferdinand Hempfling

Ungefähr zwanzig Jahre später, Anfang der 1990er-Jahre, waren Kari und ich nochmal in Karlsruhe: Neindorff stellte seine Reithalle Klaus Ferdinand Hempfling für die Präsentation seiner damals revolutionären Arbeit mit Pferden zur Verfügung. Dazu waren Presse, Funktionäre und so weiter eingeladen.

Es gab erst Vorführungen, danach sollte über das Gezeigte diskutiert werden. Ich saß, quasi als Vertreter der Basis, mit auf dem Podium. Hempfling hatte mich auf Empfehlung einer meiner langjährigen Schülerinnen vorher schon mal angerufen und gefragt, ob ich mir eine Zusammenarbeit vorstellen könnte. Konnte ich damals nicht. Leider! Denn das, was dieser »*junge Wilde*« vorführte, war beeindruckend: Hempfling ist eigentlich Kommunikationswissenschaftler und Künstler (Tanz und Theater). Er hatte damals wuschelige, blonde Haare, trug meistens Jeans und T-Shirts und hätte rein optisch besser an einen Surfer-Strand als in Neindorffs ballsaalähnliche Reithalle gepasst. Kari drückt es heute so aus: »*Er sah sehr gut aus, ein Frauentyp. Er war jung, dynamisch, wusste, wie das Leben funktionierte und genau das hat er auch kundgetan.*«

Ihm gegenüber saßen dreizehn Schlipsträger. Ich bekam für diesen Auftritt extra ein neues Sakko. Da mir solche Garderobe eher fremd ist, hatte ich aber vergessen, dazu auch eine Krawatte einzupacken. Also kauften wir eine am Bahnhof.

Gemeinsam mit Vertretern der FN, mit Neindorff und anderen Ausbildern, darunter auch wieder Fredy Knie Senior, saß ich also auf diesem Podium und sah erst hinterher, auf Zeitungsfotos, dass die

Szene doch sehr an das Gemälde »*Abendmahl*« von Leonardo da Vinci erinnerte. Die Atmosphäre war mindestens staatstragend.

Hempfling demonstrierte uns seine Pferdesprache, bei der er die Tiere vom Boden aus sehr spielerisch mit seinem Körper dirigierte. Beim Longieren kam der Tänzer in ihm durch: Leichtfüßig lief er mal mit kleineren, mal mit erhabeneren Schritten neben dem Pferd her und zeigte, wie er es durch das Vormachen von Bewegungen zur Nachahmung anregte. Spätestens als er seinem Pferd mit einem geschmeidigen Hüftschwung die Richtung wies, wurde mir klar, dass hier nicht nur in Sachen Garderobe zwei Welten aufeinandertrafen: Ich hatte beispielsweise noch gelernt, dass man beim Longieren den Absatz des Reitstiefels in den Hallenboden zu bohren und sich darauf um die eigene Achse zu drehen hatte. Mehr Bewegung war streng verpönt. Außerdem hatte das Pferd die Longe so auszulaufen, dass sie jederzeit leicht gespannt war.

Bei Hempfling hing sie auch mal durch. Das Pferd, so schreibt er auch in seinem Bestseller »Mit Pferden tanzen«, sollte »*sich frei fühlen*«. Die anschließende »*Diskussion*« lief so ab, dass sich jeder Podiumsgast selber vorstellte, erzählte was er machte – und dann anfügte, warum das, was Hempfling tat, nicht gut war. Eine zwar unpraktische, aber doch sehr menschliche Verhaltensweise: Wenn jemand etwas anders macht als man selbst, kann das ja bedeuten, dass das, was man selber tut, nicht das Richtige sein könnte.

Als wirklich erfrischend habe ich nur den Beitrag von Knie in Erinnerung. Er stand auf und sagte: »*Junger Mann, ich finde es sehr beeindruckend, was Sie hier zeigen und lade Sie herzlich ein, mich besuchen zu kommen. Ich würde mich freuen, gemeinsam mit Ihnen zu arbeiten.*«

Ich war der Letzte in der Reihe und äußerte mich mindestens ebenso begeistert: Hempfling brachte genau die Leichtigkeit ins Spiel, die die Arbeit an der Basis auflockern konnte. Statt wie bei der FN damals üblich, technisch perfekte Bilder von Reitern in einem Ausbildungsstadium zu zeigen, dass mit einer Unterrichtsstunde pro Woche sowieso kaum zu erreichen ist, ging es hier darum, Spaß für Mensch und Tier in die Reithallen zu bringen. Endlich!

KAPITEL 9

Neue Wege zu klassischen Zielen

»*Ich suche Win-win-Situationen für Pferd und Reiter.*«

Vielleicht fing es damit an, dass Friedrich der Große ein schwacher Reiter gewesen sein soll. Vielleicht war es auch nur die Erkenntnis, dass meine Söhne im Musikunterricht das Klavierspielen nicht mit zehn Fingern gleichzeitig lernten: Etwa Ende der 1970er-, Anfang der 1980er-Jahre fing ich an, mein Reiten und vor allem mein Unterrichten zu überdenken.

Wir hatten damals einen Gast hier, einen Juristen aus Berlin, der sich ein Pferd zum Ausprobieren auf unseren Hof liefern ließ. Der Plan war, es erst mal in Ruhe kennenzulernen und herauszufinden, welche Möglichkeiten man gemeinsam haben könnte. Ich weiß aber noch, dass die Entscheidung schon fiel, als das Pferd, eine hochbeinige, sehr elegante Fuchsstute, aus dem Transporter stieg.

Da stand nämlich die Frau des Juristen bereits mit Herzchen in den Augen in unserer Einfahrt und rief ihrem Mann zu: »*Ohhh bitte, kauf dieses Pferd! Es hat sooo schöne Ohren.*«

Manche Leute kaufen ein Pferd wegen seiner Abstammung, andere, weil es sie an ein Stofftier aus Kindertagen erinnert, was auch immer. Diese Stute, sie hieß Waldensa, wurde gekauft, weil sie so schöne Ohren hatte. Na gut.

Der Besitzer ritt mit ihr ins Gelände und kam dabei auch ganz gut klar, seine Frau nahm Unterricht. Wie so viele Schüler träumte sie vom Galoppieren und ich weiß noch, dass Waldensa bei ihren ungelenken Galoppversuchen entweder schneller und hektischer trabte oder so heftig losraste, dass ich Angst hatte, sie könnte stürzen. Ihre Reiterin war einfach noch nicht so weit, dass sie Gewicht-, Schenkel- und Zügelhilfe so einsetzen konnte, dass daraus eine brauchbare Information für das Pferd wurde.

Zügellosigkeit und schlaflose Nächte

Ich lese unheimlich gern, besonders Biografien, und zu der Zeit hatte ich wohl gerade eine preußische Phase: Ich las die Lebensgeschichte Friedrich des Großen und darin hieß es eben, dass er ein relativ unsicherer Reiter gewesen sei. Ziemlich unpraktisch in einem Jahrhundert, in dem Mobilität vor allem auf vier Beinen stattfand. Sein Stallmeister oder sonst wer aus seinem Gefolge habe ihm deshalb ein Pferd so ausgebildet, dass es auf einen Klopfer am Hals hin gesetzt angaloppierte. Nichts mit Gewichtsverlagerung, Schenkelhilfe und so weiter, sondern einfach nur an den Hals klopfen.

Das war die Idee! Da ich Waldensa für ihre Besitzer weiter ausbilden sollte, ritt ich sie regelmäßig selber und überlegte, wie das Abstimmen der vorwärts treibenden Hilfen auf eine begrenzende Hand hin überflüssig werden könnte.

Ich werde nie den Tag vergessen, an dem ich mit den Experimenten dazu begann: Ich habe der Stute auf unserem Außenplatz die Zügel auf den Hals gelegt und sie im Schritt, nur mit Gewicht und Schenkel, durch die Länge der Bahn dirigiert. Auf ungefähr fünfzig Zentimeter genau kam ich da an, wo ich hinwollte, fast in der Mitte der kurzen Seite. Ich drehte mich im Sattel um und guckte fasziniert auf die beinah gerade Spur, die Waldensas Hufe im Sand hinterlassen hatten. Unglaublich!

Nie hätte ich gedacht, dass so etwas ohne das Präzisionswerkzeug Zügel funktionieren konnte. Diese Erkenntnis war wie eine Explosion in meinem Kopf! Unbeschreiblich aufwühlend! In den nächsten vierzehn Tagen habe ich kaum geschlafen, weil ich stundenlang zügellos mit Pferden unterwegs war. Frühmorgens, spätabends, in der Mittagspause. Immer, immer, immer …

Es war das erste Mal, dass ich meinem Pferd nicht etwas diktierte und zu viel gegebene Hilfen durch einen Griff in den Zügel korrigieren konnte, sondern dass ich wirklich in ein Gespräch kam: Ich fragte, es antwortete.

Meine heutigen Schüler werden jetzt mit den Schultern zucken: »*Na und? Das machen wir doch ständig so.*« Ja, ihr! Heute! Aber damals? Da wusste man sicher auch, dass so etwas möglich war, aber warum sollte man es tun? Es gab die bereits erwähnte Diskussion darüber, dass das Longieren ohne Ausbinder Tierquälerei sei. Hilfszügel waren an der Tagesordnung. Die Zügelverbindung einfach ganz weglassen? Das machte man nicht.

Es sei denn, man hieß Henry Blake. In den 1970er-Jahren erschienen die ersten Bücher, in denen der englische Horseman seinen damals revolutionären Umgang mit Pferden beschrieb. Bei ihm habe ich erstmals gelesen, dass jemand ohne Zügelverbindung ritt.

Dieses angelesene Wissen packte ich nun mit meinen eigenen Erfahrungen zusammen und begann, Waldensa auf ein Signal zum Angaloppieren zu trainieren. Und das machte ich ohne jegliche Zügelverbindung, damit die unerfahrenere Reiterin sie später nicht doch wieder durch gleichzeitiges Gasgeben (der Einsatz des Signals für Galopp) und Bremsen (der Zug am Zügel) irritierte. Ich hatte damals nämlich auch erstmals bewusst über die Fliehfähigkeit der Pferde nachgedacht.

Bei Cohinoor hatte ich erlebt, wie gut ihm das Aufwachsen auf einer platten Marschweide getan hatte. Dort konnte er Gefahren rechtzeitig erkennen und sich durch Flucht entziehen. Sich ihrer Fliehfähigkeit sicher zu sein, macht Pferde offensichtlich gelassener. Heute würde man sagen, es macht sie cooler. Es erlaubt ihnen, sich ihrer Selbstwirksamkeit bewusst zu werden. Wer weiß, dass er jederzeit gehen kann, hat es irgendwann nicht mehr nötig wegzulaufen. Oder, um es mit einer Indianer-Weisheit auszudrücken: »*Wenn du jemanden auf einer Insel halten willst, gib ihm ein Boot.*« Und das sollte nun nicht mehr nur auf der Weide, sondern auch unter dem Sattel gelten.

Ich kam dadurch erstmals in die Situation, nicht einfach Forderungen an mein Pferd zu stellen. Wenn ich beispielsweise angaloppieren wollte, musste ich mir vorher überlegen, ob diese Idee zur Stimmung passte, ob genug Platz dafür da war und so weiter. Denn das, was wir alle immer dann machen, wenn wir ein bisschen zu viel getrieben haben, war mir ja nicht möglich. Ich konnte nicht einfach korrigierend in den Zügel greifen.

Es begann ein Dialog: Ich fragte mein Pferd: »*Wie findest du es, wenn ich beispielsweise den Schenkel anlege? Oder wenn ich eine Stimmhilfe gebe, etwa einmal schnalze? Oder, oder, oder …*«

Immer nur eine Hilfe zurzeit und die jeweils so fein wie möglich. Es war ein scheinbar endloses Ausprobieren. Eine Phase, in der viele Gäste mit den Füßen abstimmten und sich für ihre Reiterferien neue Ziele suchten.

Ein Gast, der fast durchgehalten hat, ist Sibylle. Sie fing 1976 an, bei mir Unterricht zu nehmen und machte viele meiner Experimentierphasen geduldig mit. Nur in der zügellosen Zeit wurde sie uns zwischendurch mal untreu. Heute sagt sie: »*Anfangs fand ich es befremdlich, dann spannend und irgendwann war es mir zu viel. Da wollte ich auch mal wieder normal reiten und habe den Stall gewechselt.*« Genau das war damals mein Problem: Man kann Menschen leichter für neue Ideen gewinnen, wenn man diese nicht mit der Absolutheit durchpeitscht, mit der ich es teilweise versuchte. Ich musste es so machen, weil ich aus meiner Sicht absolutes Neuland betrat und mein Experiment nicht dadurch verwässern wollte, dass zwischendurch doch mal wieder am Zügel gezogen wurde. Ich wollte jede einzelne Hilfe auf ihre Wirksamkeit am Pferd überprüfen und dabei auch noch die jeweils sinnvolle Dosierung herausfinden.

So viele meiner regelmäßigen Schüler wie nur möglich sollten dabei mitmachen. Nicht weil ich so sicher war, dass meine neue Idee richtig ist, sondern weil ich so viele Erfahrungen mit ihr sammeln wollte, wie es ging. Ich selber bin sechs Jahre lang Tag für Tag ohne jede Anlehnung geritten.

Die Schüler, die mitmachten, fühlten sich dadurch sicher manchmal etwas gegängelt oder auch überfordert. Sibylle reagierte, indem sie sich zurückzog. Andere waren so euphorisch dabei, dass sie sich fast um Kopf und Kragen brachten: So wie unser Stammgast Wilhelm, der mich nach einem Urlaub anrief und mir erzählte, dass ihm sein Pferd bei einem Ausritt durchgegangen sei. Er war mit einem Freund unterwegs und hatte seinem Pferd die Zügel nicht abgeschnallt, sondern sie lose auf den Hals gelegt und dirigierte es vor allem mit Gewicht und Schenkeln. Aus irgendeinem Grund erschraken beide Pferde und gingen durch. Sein Freund rief ihm zu, er möge doch die Zügel aufnehmen und durchparieren. Und was antwortete Wilhelm? »*Herr Marlie hat gesagt, das darf ich nicht.*« Zum Glück ist niemandem etwas passiert.

Immer neue Experimente

Wenn ich heute darüber nachdenke, war mir wirklich keine Idee zu verrückt, um sie nicht auszuprobieren: Mit meiner langjährigen Schülerin und heutigen Kollegin Carola habe ich beispielsweise die

Reithalle mit riesigen Plastikfolien in zwei komplett voneinander getrennte Zirkel aufgeteilt. Warum? Weil mich der Film von Ray Hunt, der bei der FN-Tierschutzbeiratssitzung gezeigt wurde, dazu inspiriert hat. Dort sah ich zum ersten Mal einen Roundpen, in dem man die Pferde eben nicht wie in einem Longierzirkel am Band hatte, sondern frei laufen ließ.

So gelang es, auf kleiner Fläche die Unendlichkeit der Weite zu simulieren – was für eine Entdeckung! In der Steppe, wo Pferde ja eigentlich hingehören, gibt es nun mal keine Ecken, die sie beim Ausleben des Fluchtinstinkts bremsen. Die Einzäunung des Zirkels in dem Film war so hoch, dass die Pferde nicht darüber hingucken konnten, also nicht so leicht abzulenken waren.

Diese Idee wollte ich aufgreifen und um dafür nicht gleich etwas Unverrückbares in die Landschaft stellen zu müssen, besorgte ich die Plastikfolien. Ich sehe mich noch auf einer Leiter unter dem Hallendach rumturnen, um dort ein Seil zu befestigen, über das ich die Folien hängte. Dann holten Carola und ich zwei Pferde in die Halle und testeten erst mal, wie sie in den kleinen Räumen, in denen sie ihren Artgenossen auf der anderen Seite zwar hören, aber nicht sehen konnten, reagierten.

Später haben wir, um die Ecken abzurunden, auch noch Bänder gespannt. Die Halle sah aus wie ein kaputtes Spinnennetz. Und was kam dabei heraus? Dass Folie für Gelassenheitsübungen, wie wir sie heute kennen, eine gute Idee ist. Als Raumteiler erwies sie sich aber als eher unpraktisch. Schon weil sie jedes Mal knisternd zur Seite wehte, wenn ein Pferd vorbeilief. Aber auf all das mussten wir ja erst mal kommen.

Erfolgreicher waren meine Versuche, Pferde zunächst an der Longe und dann frei vor mir herlaufen zu lassen. Klappte es in der Halle und auf dem zwischenzeitlich eingezäunten Außenplatz, dehnte ich die Versuche auf unser ganzes Grundstück aus. Von dieser Idee bin ich bis heute begeistert, weil ich das Pferd vor mir hertreiben, es im Zweifel aber nicht daran hindern kann, seinen Fluchtinstinkt auszuleben. Ich muss also, ähnlich wie beim Reiten ohne Zügel, sehr vorausschauend agieren und statt einer Leine eine Art inneres Band zwischen uns spannen. Hier wird für mich so besonders deutlich, dass Bodenarbeit mit dem Flugsimulator von Piloten vergleichbar ist: Ich kann beim Neben- oder Hinterhergehen das Reiten simulieren, sitze aber eben nicht auf dem Pferd. So kann auch ein ängstlicher Reiter ganz in Ruhe ausprobieren, in welchen Situationen sich ein Pferd von ihm vorwärtsdirigieren lässt und wann der imaginäre Faden, die innere Verbindung zwischen Mensch und Tier, reißt und es lieber selbst für seine Sicherheit sorgt.

Wenn das Pferd dann scheut oder weggaloppiert, passiert dem Menschen nicht mehr, als dass er es in aller Gelassenheit wieder einsammeln und sich erneut um sein Vertrauen bewerben darf. Gerade fürs Ausreiten ist das im wahrsten Sinne des Wortes eine super Einstimmung.

Vergleichbar damit, wie ein Musiker, voller Vorfreude auf ein Konzert, seine Geige stimmt. Und weil das nicht möglich ist, ohne auch mal einen falschen Ton zu treffen, habe ich inzwischen meinen Frieden damit gemacht, dass mir beim Umgang mit Pferden und beim Reiten immer wieder Fehler unterlaufen werden. Eine Tatsache, mit der zu hadern einfach nicht lohnt.

Wenn man davon ausgeht, dass Fehler nur Hinweise darauf sind, was (noch) fehlt, ist Bodenarbeit der ideale Rahmen, um genau das herauszufinden. Getreu dem Motto: »*Ich habe aus meinen Fehlern so viel gelernt, dass ich beschlossen habe, noch mehr davon zu machen.*« Man sollte bei der Versuchsanordnung nur unbedingt auf Sicherheit achten. Niemand muss erst erlebt haben, dass es wehtut, gebissen oder getreten zu werden, um es zu glauben. Man sollte auf Sicherheit achten und auf gute Laune.

»Lieber scheiße tanzen ...«

Dazu fallen mir unser Gast Helmut und seine große Angst davor ein, etwas falsch zu machen und dem Pferd versehentlich wehzutun. Er kam im Frühjahr 2015 zum ersten Mal zu uns und war, so zumindest mein Eindruck, im Unterricht anfangs etwas skeptisch. Ihm haben unsere Pferdewirtschaftsmeisterin Anya und ich von dem Musiker und seiner Geige erzählt. Wir benutzen dieses Beispiel sehr häufig, haben darauf aber wohl noch nie eine so lustige Reaktion wie von Helmut erlebt: Nach seinem Urlaub schickte er uns eine Postkarte, auf der zwei nicht mehr ganz junge, nicht mehr ganz schlank und sportlich wirkende Menschen nicht gerade schön, aber sehr vergnügt durch ein Wohnzimmer tanzen.

Unter dem Bild steht: »*Lieber scheiße tanzen, als dumm rumstehen!*« Und auf die Rückseite hatte Helmut »*Lieber Wolfgang, ich habe verstanden*« geschrieben. Die Karte machte im ganzen Team die Runde. Danach haben wir sie ins Gästebuch geklebt und zitieren den Spruch immer wieder, wenn mal etwas nicht ganz so rund läuft wie gewünscht. Als Erinnerung daran, dass es aus meiner Sicht der größte Gewinn für Pferde ist, Menschen zu haben, die sie mit ihrer guter Laune anstecken. Egal, wie es aussieht: Zuerst kommt der Inhalt und danach die Form.

Je spielerischer, je fröhlicher meine Experimente sind, desto besser gefallen sie mir. Und wenn ich sie auch noch mit einem für das Pferd lohnenden Ziel verbinden kann, bin ich richtig begeistert. Nicht verhauen zu werden – lange Zeit dachte ich, dass müsste für ein Pferd schon das höchste Glück bedeuten.

Aber dann entdeckte ich das verlockende Treiben: Für einen besonders träge wirkenden braunen Wallach begann ich beispielsweise vom Sattel aus mit Möhren zu werfen. Er zeigte wenig Motivation, sich auf meine üblichen Treibeimpulse hin vorwärts zu bewegen, wurde aber, wie viele Pferde, geradezu wieselflink, wenn es darum ging, irgendwo einen Extrahappen abzustauben.

Also habe ich ihm das Angaloppieren damit schmackhaft gemacht, dass ich die entsprechende Hilfe gab und zeitgleich eine Möhre in die von mir gewünschte Richtung warf. Anfangs reagierte er darauf so gut wie gar nicht, weder auf die Galopphilfe noch auf das fliegende Leckerli, aber als er einmal verstanden hatte, was da durch die Gegend flog, kam er regelrecht in Fahrt.

Der Haken daran, gerade bewegungsunlustige Pferde für Aktivität mit Futter zu belohnen, ist ja, dass sie im Moment der Belohnung stehen, es dadurch also passieren kann, dass man Stillstand statt Bewegung trainiert. Aber wie soll es anders funktionieren? Selbst in meinen sportlichsten Zeiten wäre ich mit dem Füttern in voller Fahrt ziemlich überfordert gewesen.

Die Idee, dass sich das Pferd deshalb zumindest auf die Belohnung zubewegen sollte, hatte ich auch bei Knie beobachtet: Bei seinem Apell kamen sogar Hengste nacheinander angetrabt, um sich ein Leckerli abzuholen. Ich habe auch das mit meinen Schulpferden ausprobiert und war überrascht davon, wie schnell sie das Spiel verstanden und wie genau sie aufpassten, um ihren Einsatz nicht zu versäumen. Aufmerksame, neugierige Pferde, die von ihrem Menschen mehr erwarten können, als nicht verhauen zu werden – Herz, was willst du mehr?

Ehrlicherweise muss man natürlich auch die Grenzen des Belohnens mit Futter ansprechen: Die Pferde können dabei sehr schnell übergriffig werden und den Menschen wie einen Futterautomaten ansehen, gegen den man im Zweifel auch mal kräftig tritt, damit unten die belegten Brötchen rausfallen. Es geht immer um das Maß. So wie beim Verteilen von Süßigkeiten an Kinder. Spätestens wenn sie mir an der Wohnungstür nur deshalb jubelnd um den Hals fallen, weil sie eine Tasche voller Geschenke erwarten, habe ich wohl übertrieben. Aber dazu später mehr.

Wie bei Hänsel und Gretel

Unser Taronne, dieses schmale Pferd, das von unserem früheren Herdenchef Gaston zu Boden geworfen wurde, zog sich als Jungpferd auf der Weide einen Sehnenschaden zu, bekam vom Tierarzt sechs Wochen Boxenruhe und dann quasi im Minutentakt zu steigerndes Schrittgehen verschrieben. Ich weiß noch, dass ich bei dieser Anordnung ein bisschen zusammenzuckte: Erst wochenlanges Stehen, dann behutsames Gehen im Schritt – und das mit einem so jungen, schon unter normalen Umständen ein bisschen aufgedrehtem, beim Führen immer mal wieder um den Menschen herumspringendem Pferd wie Taronne.

Eigentlich haben wir auf unserem Hof immer ein paar interessierte Schüler, meistens junge Mädchen, die Spaß daran haben, die Pferde auch vor und nach dem Unterricht zu betüddeln. Und meistens helfen sie sehr gern dabei, einen Reha-Patienten wieder auf die Spur zu bringen. Bei Taronne versuchten sie es gar nicht erst: Er war einfach zu lebhaft, zu neugierig, man könnte sagen zu kasperig oder zu verspielt, als dass sich irgendjemand zugetraut hätte, ihn nach sechs Wochen Zwangspause ein paar Minuten spazieren zu führen.

Auf die Idee, ihn, so wie wir es heute machen, zu zweit zu führen, bin ich damals noch nicht gekommen. Es war einfach üblich, dass man alles allein hinbekommen musste.

Für Taronne brauchte ich also eine andere Lösung und was bei meinen Überlegungen dazu herauskam, erinnert ein bisschen an das Märchen von Hänsel und Gretel. Allerdings mit einem für alle Beteiligten guten Ausgang, eben mit einer klassischen Win-win-Situation: Ich füllte eine Schüssel mit Möhrenstücken und legte daraus eine Spur. Für den Anfang von seiner Box bis zur Stalltür. Dann zog ich ihm ein Halfter an, nahm ihn an den Strick und ging, während er ein Möhrchen nach dem anderen zwischen den Zähnen zermalmte, neben ihm her.

Am Ausgang hatte ich eine Helferin postiert, die die Spur bis in die Halle und dann einmal auf dem Zirkel herum verlängerte. Der Rückweg lief genauso ab. Genauso gespickt von Leckerlis und zum Glück für Taronnes Bein genauso gesittet. Es kam gar nicht erst dazu, dass ich ihn hätte festhalten oder sonst wie mit ihm kämpfen müssen. Dazu war er viel zu beschäftigt. Wir haben das Spiel einige Tage wiederholt – ein bisschen mit dem Nachteil, dass er vor lauter Vorfreude anfing, in der Box herumzuspringen, sobald ich mit der Schüssel davor auftauchte.

Aber im Großen und Ganzen haben wir die ersten Tage nach seiner Verletzung so wunderbar über die Bühne gebracht.

Wie schon erwähnt, taucht bei solchen Fütterungsaktionen früher oder später meistens das Problem auf, dass die Pferde gierig werden und den Menschen bedrängen. Ich bin deshalb nie direkt mit der Futterschüssel neben ihm hergelaufen.

Als die Bewegungseinheiten länger werden sollten, habe ich Taronne in die Halle geführt und während er dort bereitgelegte Möhrchen fraß, habe ich mich hinter die Bande gesetzt und angefangen, Leckerlis über ihn rüber in den freien Raum zu werfen. So, dass es ihn veranlasste, sich auf dem Weg zum Futter von mir abzuwenden. Dann habe ich ein Signal, einfach die erhobene Hand, dazugenommen. Erst kam das Signal, dann flog das Möhrchen. So lange, bis er schon auf mein Handheben hin auswich und den Boden absuchte.

Wir hatten damit ein Ritual einstudiert, dass mir auch dann nützte, als Taronne quasi in die Vorschule kam und wir ihn auf das Einreiten vorbereiteten: Durch das Heben der Hand konnte ich ihm den Kopf bei unseren ersten Führübungen und später beim Longieren dirigieren.

Manchmal ergeben sich solche Rituale zufällig, manchmal übt man sie mit dem Pferd bewusst ein. In beiden Fällen schafft man Win-win-Situationen für Mensch und Tier. So eine Situation erlebte Anya, als sie ihre sehr leicht zu verunsichernde Stute Lissa im Training einen Reifen ziehen ließ. Das klappte so lange wunderbar, bis zusätzlich eine Kette daran befestigt wurde und sich das Pferd vor deren Rasseln so dermaßen erschrak, dass es durchging.

Ihren Anhang, den Reifen, wurde sie auf der Flucht schnell los, aber ihre Panik war so groß, dass sie locker vier Kilometer weiter rannte. Erst über einen wenig befahrenen Schotterweg, dann durch Wohnstraßen. Sie muss völlig kopflos gewesen sein. Zwischenzeitlich hatte sich ein ganzer Suchtrupp auf den Weg gemacht und zwei Dörfer weiter fanden sie Lissa wieder: Ein beherzter junger Mann hatte sie zwar am Halfter erwischt, konnte sie aber kaum festhalten. Sie sei wie ein aufgeregter Junghengst um den Herrn herumgesprungen.

Anya erinnert sich, dass sie ihm ihr Pferd kaum abnehmen konnte: *»Als sie sich gar nicht beruhigen ließ, habe ich zu meinen Freunden gesagt, dass sie mir raufhelfen sollten. Sie haben zwar erst reichlich sparsam geguckt, aber dann haben drei Leute Lissa halbwegs festgehalten und irgendwie haben wir mich hochbekommen.«* Von dem Moment an gab es zwei Möglichkeiten: Lissa hätte mit Anya weiterjagen und auch sie unterwegs verlieren können, oder – und zum Glück passierte genau das – sie reagierte wie eine Luftmatratze, der man den Stöpsel zieht: Sie atmete aus und war wieder regulierbar.

Anya: *»Als ich auf ihr saß, schaltete sie ihren Kopf wieder an und ich konnte sie wirklich nur mit Halfter und Strick nach Hause reiten.«* Die vertraute Reiterin auf dem Rücken – auch das kann einem Pferd also Halt geben.

Spießer und Knutschkugel

Wäre er ein Mensch, er würde darauf bestehen, dass es jeden Montag Eintopf zu Essen gibt, der Wecker auch am Wochenende um exakt 6:15 Uhr klingelt und dass Sonnabend in Hauspuschen und Jogginghose Sportschau geguckt wird: Bei unserem Englischen Vollblüter Traminer, den ich im Jahr 2010 geschenkt bekam, scheint der Wunsch nach festen Abläufen besonders ausgeprägt.

Er ist wohl das, was man unter Menschen einen Spießer nennen würde: Neue Situationen, Überraschungen, manchmal auch nur die schnelle Handbewegung eines Menschen verunsicherten ihn lange Zeit so sehr, dass er mit Aggression oder Fluchtversuchen reagierte.

Er wurde für den Galoppsport gezüchtet und einerseits ist er ein wunderbar zu reitender Balletttänzer, andererseits ein verängstigtes Mäuschen, das schon in Panik verfällt, wenn ein Mensch es nur anguckt. Im Herbst 2013 musste er wegen einer riesigen Zyste in den Nebenhöhlen am Schädel operiert werden. In der anschließenden Reha-Phase sollte er, um seinen Kreislauf anzuregen, bis zu vier Stunden pro Tag Schritt gehen.

Besonders eng begleitet wird er seitdem von einer meiner Schülerinnen. Rike begann für ihn eine Art menschliche Führanlage zu werden: Sie klemmte ihn täglich an die Longe und ließ ihn auf unserem Reitplatz Schritt gehen. Runde um Runde, Stunde um Stunde, Woche um Woche, Monat um Monat …

Mich machte teilweise schon das Zusehen nervös: Konnte sie ihm nicht zumindest kleine Aufgaben stellen? Ihn ein bisschen beschäftigen? Scheinbar nicht. Sie wechselte ab und zu die Hand, viel mehr passierte zunächst nicht. Außer dass Traminer immer mal wieder, wenn es in den Bäumen am Reitplatz knackte, unser Hofkater Eberhard durch das Gebüsch schlich oder auch aus völlig unerfindlichen Gründen, nervös wurde. Entweder er tänzelte mit erhobenem Kopf und weit aufgerissenen Augen oder er machte gleich mehrere beeindruckend hohe Bocksprünge und jagte im vollen Galopp um die Longenführerin herum.

Da auch er auf den Zischlaut, dieses »Zzzzzzzzz«, für das Rückwärtsgehen konditioniert ist, bremste sie ihn damit meistens ziemlich schnell wieder aus und ließ ihn weiter im Schritt seine Runden drehen. Runde um Runde, Stunde um Stunde ...

Eines Tages war in unserem Ort Schützenfest und die amtierende Majestät wohnte scheinbar in unserer Nachbarschaft. Rike hatte Traminer gerade aus seiner Box geholt und führte ihn in Richtung Paddock, als auf der Straße ein Spielmannszug in Aktion trat. Schon beim ersten Dschingarassabum wurde das Pferd so multitaskingfähig, dass es scheinbar alles gleichzeitig machte: den Kopf hochreißen, zur Seite springen, am Strick zerren und steigen. Er hatte sich so sehr erschrocken, dass er auch auf »Zzzzzzzzz« nicht mehr reagierte.

Irgendwie bugsierte Rike ihn trotzdem auf den kleinen Paddock vor unserem Stall. Dort hing, manchmal hat es Vorteile, nicht zu ordentlich aufzuräumen, eine Longe über dem Zaun. Nun hätte Traminer innerhalb der Einzäunung seine Aufregung ja ruhig in Bewegung umsetzen und notfalls auch ein bisschen rennen und buckeln können, aber Rike hatte zu viel Angst, dass sich ihr gerade halbwegs genesener Schützling dabei übernehmen oder verletzen könnte. Sie griff nach der Longe, schaffte es, sie in Traminers Halfter einzuklicken – und berichtete mir später Folgendes: »*In dem Moment, als ich die Longe festgemacht hatte, hielt Traminer kurz inne. Er stand eine Sekunde still, dann setzte er sich in Bewegung. Im Schritt im Kreis um mich herum. In aller Ruhe. Nach einer Runde atmete er tief aus.*« So als sei er erleichtert, sich in dieser Welt wieder auszukennen.

Der Spielmannszug machte eine Pause, das Pferd lief weiter. Und als die Musik wieder einsetzte, guckte es nicht mal hoch. Wie Anyas Lissa hatte Traminer seine Ordnung wiedergefunden. Als würde er sagen: »*Ein Glück, es ist Sonnabend, ich habe Hausschuhe an und es gibt Sportschau.*«

Inzwischen haben wir das Programm für ihn sogar noch erweitert: Mit Rikes Shettystute Hella geht er in einer Art Tandem-Longe. Der feingliedrige, hochbeinige Vollblüter außen, die zumindest körperlich nur neunundneunzig Zentimeter hohe Knutschkugel von einem Pony innen.

Anfangs hatte Rike dabei für jedes Pferd eine Longe in Händen. Inzwischen sortiert sich Traminer zumindest auf der rechten Hand (seit seiner Operation ist er links blind und tut sich in dieser Richtung deshalb schwerer) frei laufend neben Hella ein und bleibt selbst im Trab an ihrer Seite. Sie trippelt emsig wie ein Nähmaschinchen, er federt neben ihr her. In der Zeit, in der der Große einen elastischen Schritt macht, trommeln die kleinen Ponyhufe einen Akkord. Ich kann schon verstehen, dass Rike bei dem Anblick dahinschmilzt.

Wenn sie so ihre Runden drehen, dabei auch synchron den Rückwärtsgang einlegen, zwischendurch mal energisch nach einem Leckerli fragen und insgesamt einfach eine gute Zeit zu haben scheinen, dann wirkt es auf mich sogar wie eine Win-win-win-Situation: Traminer profitiert davon, dass Hellas Selbstbewusstsein doppelt so groß ist wie ihr Körper und sie sich vermutlich von keinem Orchester dieser Welt aus der Ruhe bringen lassen würde. Für sie, die beim Longieren lange Zeit einen scheußlichen Außendrall hatte, dient er als Begrenzung und ermöglicht es ihr, an einer teilweise durchhängenden Longe unterwegs zu sein und für Rike ist diese Interpretation der Doppellongenarbeit Vergnügen pur: Man kann ihr förmlich ansehen, dass sie in Gedanken ausrechnet, wie viel extra Futter sich ihre proppere Hella durch das Mithalten mit einem so viel größeren Pferd verdient. Ihre Vorfreude darauf, es diesem besonders laut und hungrig blubberndem Pony servieren zu dürfen, muss auf beide Pferde einfach ansteckend wirken.

KAPITEL 10

Beschwerden bei der FN

*»Während der gesamten Stunde
saß kein Schüler auf seinem Pferd.«*

In einem Buch von Richard Bandler, dem Mitbegründer des Neurolinguistischen Programmierens (NLP), habe ich sinngemäß folgende Empfehlung gelesen: Wenn du eine besondere Idee hast, suche dir zumindest einen Mitstreiter, der dich darin unterstützt. Hätte ich in den 1980er-Jahren schon gewusst, dass es an allen Ecken und Enden der Welt Pferdeleute gab, die sich trauten, von in Stein gemeißelten Regeln abzuweichen, wäre es mir vermutlich deutlich besser gegangen. Und meiner Familie erst recht!

Zwar gab es immer ein paar Schüler, die mit mir zusammen experimentierten und auch in schwierigen Zeiten bei der Stange blieben, aber irgendwie hatte ich das Gefühl, allein in den dunklen Keller gehen zu müssen. Zu zweit, vielleicht mit noch jemandem, der bewusst entschieden hatte, seine berufliche Existenz dabei aufs Spiel zu setzen, wäre es mir wahrscheinlich leichter gefallen. Frei nach dem Motto: *»Allein in den Keller zu gehen, ist gar nicht so schlimm, wenn man zu zweit ist.«*

Kopfkino beim Turnier in Neumünster

Es muss Ende der 1970-Jahre gewesen sein, als Kari und ich zu einem großen Hallenturnier nach Neumünster fuhren. Ich sehe uns noch auf einer der Zuschauertribünen sitzen und während Kari gespannt die Ritte der Spring- und Dressurreiter verfolgte, rang ich innerlich mit den unterschiedlichen Interpretationsmöglichkeiten der Englischen Reitweise: Würden beispielsweise meine Schüler auf so einem Turnier wohl den Eindruck gewinnen, dass es normal sei, mit einem Pferd ins Kämpfen zu kommen?

Wenn man einerseits eine Prüfung gewinnen, andererseits aber die Ehrenrunde nur zu Fuß absolvieren kann, weil das Pferd sonst durchgeht – wie ist es dann um das von mir immer wieder gepredigte Vertrauen zwischen Pferd und Reiter bestellt? Wie reell ist es dann ausgebildet? Und was würde wohl Paul Stecken zu solchen Szenen sagen?

Während ein Reiter nach dem anderen durch die Halle zog, das Publikum mal jubelte, mal aufstöhnte, nahm ich das Geschehen immer weniger wahr, versank immer tiefer in meiner Grübelei:

Musste ich mir, wenn ich andere Reiter so abwertete, nicht auch ordentlich an die eigene Nase fassen? Ich erinnerte mich an Auftritte mit meinem schönen Cohinoor, die eher von Explosivität denn von Harmonie geprägt waren. Als ich mit ihm die ersten Materialprüfungen gewann, war er auf dem Abreiteplatz noch gespannt wie ein Flitzebogen. Ich bin deshalb nicht mal auf die Idee gekommen, aus dem Wettbewerb auszusteigen. Man kann aber sehr darüber diskutieren, ob genau das nicht pferdefreundlicher gewesen wäre. Oder ob ich, noch besser, erst mal zu Hause so lange hätte weiterüben sollen, bis Turnieratmosphäre auch für das Pferd ein Vergnügen gewesen wäre.

Ich bin mal bei einem M-Springen ausgeschieden, weil mein Pferd dreimal vor dem Wassergraben geparkt hatte. War das Bild, dass ich vor dem letzten Versuch, ihn doch noch zu überwinden, abgegeben hatte, wohl harmonisch? Und wie war das auf der Jagd, die ich mit der schon nach dem ersten Kilometer klatschnass geschwitzten Holsteinerstute Herzdame ritt? Ich starb unterwegs tausend Tode, weil sie offensichtlich das Ziel hatte, noch vor der Meute zu Hause zu sein.

Sie sprang vor jedem Hindernis viel zu früh ab und je mehr ich versuchte, sie zurückzuhalten, desto schneller wurde sie. Es war reine Glückssache, dass wir nicht krachend in einem der sehr massiven Sprünge landeten. Was hatte der Eindruck, den wir auf diesem Höllenritt hinterlassen haben dürften, mit meinem Idealbild der Englischen Reitweise zu tun?

Während diese Szenen durch mein Kopfkino rauschten, wurde ich auf meinem Tribünensitz immer kleiner: Wie reell war es von mir, die Leistungen anderer Reiter – und sei es nur gedanklich oder im Gespräch mit Kari – schlecht zu machen?

Meine Interpretation der Englischen Reitweise

Auf dem Heimweg kehrten wir in einem Lokal ein und ich habe noch genau im Ohr, wie ich Kari dort vor die Wahl gestellt habe: »*Ich kann so wie bisher nicht weitermachen. Entweder wir bieten künftig einen anderen Unterricht an oder wir geben auf und ich muss mir einen neuen Beruf suchen.*«

Kari war so erschrocken, dass sich die Szene auch bei ihr eingebrannt hat: In diesem Moment habe sie begriffen, wie unglücklich ich damals mit meinem Job gewesen sei und dass sie keinesfalls wollte, dass es so blieb. Heute sagt sie: »*Dann hätte ich wirklich Angst um dich bekommen.*«

Erfreut war sie natürlich trotzdem nicht. Denn es war ungefähr so, als hätte ich sie vor die Wahl zwischen Pest und Cholera gestellt. Beides keine sehr rosigen Aussichten, wenn man zwei kleine Kinder und einen Betrieb hat, der nun einmal auf Reiten und vor allem auf Reitschüler ausgelegt ist.

Aber wie immer in unserem Leben stellte sie sich bedingungslos hinter mich und wir entschieden uns weiterzumachen.

Mit dem Unterschied, dass ich unsere Gäste auf neuen Wegen zu klassischen Zielen begleiten würde. Auf Wegen, die ich meine Wege oder meine Interpretation der englischen Reitweise nennen konnte.

Zu den Urlaubern, die diese Wege bis heute neugierig mit mir gehen, gehören Wilhelm und Helma. Von ihm habe ich schon mal erzählt: Der Herr, der sein Pferd im Wald nicht am Durchgehen hinderte, weil ich – wenn auch in einem völlig anderen Zusammenhang – gesagt hatte, er dürfe die Zügel nicht aufnehmen.

Sie kamen 1978 zum ersten Mal auf unseren Hof und wenn sie von dieser Zeit bei uns erzählen, geht es um Reiten in der Abteilung, um militärischen Ton und darum, den Pferden »*einen auf den Eckzahn*« zu geben, wenn sie scheinbar nicht so wollten wie wir.

Damals ritten wir viel aus und dass einige Schüler vor jedem Ritt mehrfach die gekachelten Räume aufsuchten oder mit Bauchweh aufs Pferd stiegen, war wohl relativ normal. Ich erinnere mich an eine Frau, die vor dem Ausreiten nicht mal frühstücken, sondern tatsächlich nur auf nüchternen Magen einen Schnaps trinken konnte. Sie bestand immer darauf, das anspruchsvollste Pferd zu reiten, obwohl ihr schlecht vor Angst war. Es war damals unser Trapper und wenn man den Ehrgeiz hatte, die beste Reiterin einer Truppe zu sein, dann konnte man diesen Eindruck mit dem schicken Vollbluthengst sicherlich am besten erwecken. Auch wenn mir der Preis, den sie dafür zahlte, schon damals sehr hoch erschien. Es war einfach so, ich habe da nichts hinterfragt.

Und wenn wir erst mal unterwegs waren und die Reiter langsam merkten, wie gut sich unsere an die Ordnung der Ausritte gewöhnten Pferde regulieren ließen, schmolz die Unsicherheit wie Eis in der Sonne: Abteilungstrab über schmale Waldwege, nebeneinander im Galopp über Stoppelfelder, ein Sattletrunk beim Wirt im Nachbardorf, Tagesausritte mit Picknick im Wald …

Wenn wir danach, verschwitzt, mit breitem Grinsen im Gesicht, am langen Zügel die Uhlenflucht hochritten, vorm Stall aus dem Sattel rutschten und den Daheimgebliebenen von den vielen Abenteuern berichteten, die wir unterwegs gemeistert hatten … dann war klar, dass am nächsten Tag alle wieder gestiefelt und gespornt auf der Matte stehen würden.

Wilhelm und Helma brachten Anfang der 1980er-Jahre ihr erstes eigenes Pferd mit zu uns. Wikinger machte ihnen massive Schwierigkeiten, neigte zum Erschrecken und Durchgehen. Er blieb sechs Wochen zum Beritt und Wilhelm erzählt bis heute, dass er sein Pferd beim Abholen kaum wiedererkannt hätte: Ich sei ihn am hingegebenen Zügel in allen Gangarten durch die Halle geritten, umgeben von anderen Reitern, deren Pferde ebenfalls die Zügel einfach locker auf dem Hals liegen hatten.

Sie haben diese Methode zu Hause weiter praktiziert und dabei, wie Wilhelm heute grinsend erzählt, »*ordentlich Gegenwind*« bekommen: »*Andere Reiter unseres Vereins wollten nicht mehr zur selben Zeit mit uns in der Halle sein, weil sie sich nicht vorstellen konnten, dass wir unser Pferd so unter Kontrolle hätten. Und man hat uns immer wieder gesagt, wir würden Wikinger durch das Reiten am langen Zügel auf der Vorhand kaputt machen. Ich habe darauf nur geantwortet, wenn das so wäre, müssten Wagenpferde alle kaputte Vorderbeine haben, und habe einfach weiter geübt. Wenn wir Probleme hatten oder irgendwo nicht weiterwussten, haben wir mit Wolfgang telefoniert.*« Was heute so lapidar klingt (»*Ich habe einfach weiter geübt*«), war damals eine riesige Kraftanstrengung.

So ging es einigen Gästen, die sich mit mir auf zu neuen Ufern machten. Manchen wurde mit dem Tierschutz gedroht, anderen mit Vereinsausschluss. Das musste man erstmal aushalten. Es war ein Glaubenskrieg, der über Jahre, sogar über Jahrzehnte tobte.

Silke und ich in der Kritik

So beschwerten sich beispielsweise 1993 zwei Damen aus Bremen beim Landesverband der Reit-und Fahrvereine Schleswig-Holstein sowie in Warendorf, weil unser Unterricht »*nicht den FN-Regeln*« entspräche. Als Beweis listeten sie in einem mehrseitigen Schreiben jede Anweisung auf, die Silke und ich ihnen gegeben hatten:

10. Juli 1993 – Anreisetag: Nachmittags sahen wir bei einer Reitstunde zu, die Herr Marlie gab. Herr Marlie forderte die Reitschüler auf, ihre Pferde, die gesattelt und gezäumt neben ihnen in der Reitbahn standen, von oben bis unten zu streicheln und abzutasten. Als Nächstes sollten sie ihre Pferde mit Hilfe der Zügel dazu veranlassen, ihren Kopf bis auf den Boden zu senken und in dieser Stellung einen Moment zu verharren. Es folgten noch weitere Übungen dieser Art. Während der gesamten Stunde saß kein Schüler auf seinem Pferd. Wir waren reichlich irritiert ...

11. Juli 1993 – 11 Uhr, Gruppenstunde bei Frau Silke Reger: Sie gab uns die Anweisung, die Pferde so zu reiten, wie wir es bei fremden Pferden für richtig hielten. Wir ritten also in gelernter Weise, d. h. Lösungsphase usw. und wurden bald unterbrochen. Frau M.: Ich sollte das Pferd am hingegebenen Zügel (nur die Schnalle in der Hand behalten) leichttraben, um die Hinterhand zu aktivieren, und das den Rest der Stunde. Frau R.: Ich sollte das Pferd am hingegebenen Zügel mit der Gerte an der Hinterhand derart »belästigen« (mit der Gerte »rubbeln«, leicht klopfen), dass es schneller wird, ohne sonstige treibende Hilfen. Sobald das Pferd schneller wurde, sollte ich die »Belästigung« sofort einstellen und das Pferd »austrudeln« lassen, dann die Übung neu beginnen. Die Gangart war dabei völlig egal.

12. Juli 1993 – 11 Uhr, Einzelstunde zu zweit bei Frau Reger: Die Reithalle wurde mittels einer Eigenkonstruktion »Marke Marlie« in zwei Zirkel aufgeteilt. Jeder von uns bekam einen Zirkel ganz für sich alleine. Ausgiebig geübt wurde das »Belästigen« der Pferde mit der Gerte, um sie anzutreiben, sowie danach das »Austrudeln« lassen (alles am hingegebenen Zügel). Nachdem die Pferde lange genug belästigt wurden, fielen sie auch in den Trab.

16.30 Uhr Gruppenstunde bei Frau Reger: Sitzübungen am hingegebenen Zügel im Schritt und Trab.

13. Juli 1993 – 8 Uhr: Einzelstunde zu zweit bei Frau Reger: Die Pferde sollten diesmal nicht nur durch »Belästigen« der Gerte angetrieben werden, sondern auch durch die streichende Zurücknahme der Schenkel, d. h. mit den Unterschenkeln sollte keinerlei Druck ausgeübt werden. Die Pferde fielen immer auf gebogenen Linien (Volte, Zirkel etc.) über die Schulter aus. Frau Reger erklärte und zeigte uns, wie man dieses mithilfe der Gerte verhindern kann (Anticken mit der Gerte an der entsprechenden Vorhand). Wieder alles am hingegebenen Zügel.

Nach dieser Reitstunde war unsere Geduld am Ende. (...)

Damals reagierten Silke und ich in der Regel enttäuscht bis genervt auf derartige Beschwerden. Heute muss ich sagen, ich kann die beiden Damen verstehen. Wirklich! Sie schrieben in dem Brief auch, dass sie zehn Jahre Reiterfahrung hätten, das Bronzene Reitabzeichen besäßen und »*entsprechende Referenzen*« nachweisen könnten. Sie hatten also zehn Jahre ihres Lebens damit verbracht, etwas zu lernen, was ihnen als richtig, pferdefreundlich und so weiter präsentiert wurde. Dann kamen sie zu uns, um ihre Fähigkeiten weiter zu verbessern und verstanden rein gar nichts. Sie mussten den Eindruck bekommen, dass wir das, was sie mühevoll gelernt hatten, offensichtlich als falsch oder sonst wie negativ empfanden. Warum sonst machten wir alles so ganz anders?

Ich fürchte, dass wir ihnen die Antwort auf diese Frage schuldig geblieben sind: Weil wir ihre Möglichkeiten erweitern und ihnen neue Einblicke verschaffen wollten und bis heute wollen. Springreiter, die ohne Zügelverbindung und mit hinter dem Kopf gefalteten Händen in einem Trainingsparcours unterwegs sind, machen das ja in der Regel auch nicht, weil es dafür einen Blumentopf zu gewinnen gibt, sondern um ihre Balance zu verbessern. Die Zügel auf den Hals legen, mit einem Ausbinder reiten, stundenlange Bewegungsstudien im Schritt, galoppieren mit ausgebreiteten Armen, bummelig ausreiten, mit einem Pferd spazieren gehen ... all das kann Mensch und Tier Freude machen. Reicht das nicht als Grund? Falls nicht, einen Trainingseffekt hat es natürlich auch. Beispielsweise fürs Gleichgewicht. Wer etwas so Komplexes wie das Reiten wirklich lernen möchte, muss ins Detail gehen.

Apropos Gleichgewicht: Als ich anfing, Waldensa ohne Zügel zu reiten, merkte ich erst, wie sehr ich mich vorher daran festgehalten hatte und wie nötig demnach Balanceübungen waren.

Solche Erkenntnisse möchte ich vermitteln, zu solchen Ideen möchte ich anregen. Ich wollte schon damals und möchte bis heute Wissen erweitern, Bewusstsein vertiefen, wie auch immer man es nennt, aber ich wollte nie, dass meine Schüler eine neue Reitweise erlernen und damit bei null anfangen sollten.

Wie gesagt, wer heute ein überzeugter Anhänger des Natural Horsemanship ist, wird sich schwertun, wenn ihm plötzlich die Rollkur als besonders pferdefreundlich präsentiert wird. Umgekehrt gilt das allerdings genauso. Wir sind alle geprägt von dem, was unser Umfeld als richtig beziehungsweise als falsch bezeichnet. Und diese Damen hatten, wie zu der Zeit viele andere Gäste auch, gelernt, dass das Reiten mit Zügelverbindung, Schenkeldruck und so weiter das einzig Richtige sei.

Abgesehen davon, dass wir selber auch so ritten, sollten die kritisierten Übungen dafür ja auch gar kein Ersatz, sondern allenfalls eine Erweiterung des Spektrums sein. Sie waren für Trainingszwecke und nicht für die Vorführung auf irgendeinem Turnier gedacht. Aber das konnten wir damals wohl noch nicht so richtig deutlich machen.

Es kommt natürlich auch heute noch vor, dass Gäste sich mit unseren Wegen nicht anfreunden können (im Frühjahr 2015 schrieb jemand in einem Internetblog unser Angebot sei »*Verarschung*«). Das begeistert mich nicht, aber ... na ja, so ist das nun einmal. Wir freuen uns inzwischen über so viele Stammgäste und Weiterempfehlungen, dass mich solche Aussagen emotional und wirtschaftlich nicht mehr derart bedrohen wie früher. Und zum Glück muss ich daraufhin auch nicht mehr wochenlang »*Ich hätte lieber nicht Reitlehrer werden sollen-Filme*« in meinem Kopfkino laufen lassen. Mein Ziel ist vielmehr, zwischen fundierter Kritik und Geschmackssache zu unterscheiden. Schließlich mag ich, obwohl ich durchaus gern mal ins Kino gehe, auch nicht alles, was dort gezeigt wird. Unsere Art des Umgangs mit Pferden und des Reitens ist eine von hundert Möglichkeiten. So wie man Wandern, Marathonlaufen oder Sprinten kann. Nur weil es immer mit der Fortbewegung auf den eigenen Beinen zu tun hat, heißt das nicht, dass der Wanderer Lust auf Kurzstreckenrennen haben muss und umgekehrt.

Menschen sind auch nur Herdentiere

Bis zu diesen Erkenntnissen war es ein langer Weg. Wäre Kari ihn nicht so unerschütterlich mit mir gegangen, hätte ich vermutlich alles hingeschmissen. Wie schwer das mit dem zu mir stehen manchmal sein konnte, erlebte ich unter anderem bei den erwähnten Theorieabenden. Besonders intensiv ist mir ein Tag in Erinnerung geblieben, an dem meine Schwester Ursula zu Besuch war und in meinem Unterricht mitritt. Sie war mit der Stunde nicht zufrieden und unterhielt sich darüber mit einem Gast, der auch nicht zufrieden war. Daraufhin kam sie zu mir und sagte: »*Hier sind alle Leute vollkommen unzufrieden.*«

Ich weiß noch, dass ich auf einen Schlag zu frieren begann, denn das Haus war damals endlich mal wieder voll. Viele Stammgäste waren da und hatten schon bei der Anreise betont, wie gespannt sie auf meine neusten Ideen seien. Wenn ich unterrichtete, waren die Zuschauerplätze in unser Reithalle beziehungsweise die Bänke am Außenplatz gefüllt, hinterher wurde ich mit neugierigen Fragen bestürmt … Ich fühlte mich gerade von einer relativ positiven Stimmung getragen – und dann sagte Ursula »*alle*« Gäste seien »*vollkommen unzufrieden*«? Das konnte ja gar nicht sein! Oder doch?

Beim Abendessen lud ich zu einer Theoriestunde ein und eröffnete diese ungefähr mit folgendem Satz: »*Heute hat jemand zu mir gesagt, hier seien alle Leute vollkommen unzufrieden.*« Bis zu diesem Moment war ich mir bombensicher, dass jetzt ein Proteststurm losbrechen würde. Die Gäste, die nachmittags hingebungsvoll in meinem Unterricht mitarbeiteten und jeden Tag mehr Stunden bestellten, würden doch sofort das Wort ergreifen …

Das Kaminzimmer und die angrenzende Bauernstube waren voller Menschen, an die vierzig Leute – trotzdem hörte ich nach meiner Einleitung nur das Knacken und Knistern des Feuers.

Irgendwann durchbrach ein Gast die Stille und mutmaßte sehr vorsichtig, was auf die anderen vielleicht irritierend gewirkt haben könnte. Daraufhin traute sich der Nächste, Kritik zu üben, ein weiterer fiel ein, eine Frau hatte eine Reitlehre mitgebracht, um irgendetwas zu widerlegen, was ich in ihrer Stunde gesagt hatte …

Bis dahin hatte ich an die Logik meiner Entdeckungen geglaubt und war so beseelt von dem, was ich herausgefunden hatte, dass ich mir gar nicht vorstellen konnte, dass meine Schüler davon nicht ebenso begeistert sein könnten. Dass ich ihnen die Sicherheit nahm, bisher das Richtige gelernt, getan und in Büchern gelesen zu haben, war mir einfach nicht klar. Ich saß damals direkt neben dem prasselnden Kaminfeuer, im doppelten Sinne des Wortes auf einem heißen Stuhl.

Egal, wie flehentlich ich die Gäste ansah, die sich ein paar Stunden vorher noch so begeistert gezeigt hatten, sie guckten an mir vorbei und sagten kein Wort. Am nächsten Vormittag sprachen sie mich an: »*Was war denn bei Ihnen gestern los? Warum waren die denn alle so gegen Sie?*«

Als ich antwortete, dass sie diese Frage während der Diskussion hätten stellen können, stutzten sie und erklärten: »*Das konnte man sich ja gar nicht trauen. So aufgeheizt wie die Stimmung war.*«

Kari machte damals jeden Morgen für unsere Gäste Frühstück und wagte sich besonders nach solchen Abenden, von denen es reichlich gab, kaum ins Esszimmer.

Immer wieder erlebte sie es, dass an den Tischen die Gespräche verstummten, wenn sie mit frischem Kaffee oder Aufschnitt aus der Küche kam. Und wenn die Gäste trotzdem weitersprachen, dann meistens darüber, welchen Blödsinn ihr Mann abends wieder zu verbreiten versucht hätte. Sie erinnert sich: »*Es fiel mir sehr schwer, die Klappe zu halten und ihnen einfach nur die Kaffeekanne auf den Tisch zu knallen. Dabei hatte ich das scheußliche Gefühl in mir, sie alle erwürgen zu wollen.*«

Das ging so lange, bis mich ein Gast, ein Korvettenkapitän der Bundeswehr, zur Seite nahm und fragte, ob ich denn nun an meine Theorie glauben würde oder nicht? Ich antwortete voller Überzeugung mit Ja, beschrieb ihm Erlebnisse, die mich in meinen Ansätzen bestätigten ... Da unterbrach er mich und sagte: »*Dann müssen Sie das auch so verkaufen! Machen Sie Ansagen, statt Diskussionsbeiträge einzufordern!*«

Ich könnte mir heute noch mit der flachen Hand vor die Stirn schlagen: Dass ich da nicht selber drauf gekommen war! Bei Pferden ist es schließlich nicht anders. Wenn man sie führen möchte, sollte man das mit Überzeugung tun. Man kann sie für jede Idee gewinnen, wenn man selber überzeugt davon ist und es ihnen entsprechend erklärt: Wippen, Flattervorhänge, Horden grölender Fußballfans ...

Pferde sind zu hundert Prozent bereit, Verantwortung an jemanden abzugeben, den sie für kompetenter halten als sich selbst. Nur deshalb sind sie im Kriegs- und im Polizeieinsatz überhaupt denkbar.

Je überzeugender man ist, je kompetenter man sich ihnen zeigen kann, desto mehr vertrauen sie einem. Das ist die Logik eines Herdentieres, das es gewohnt ist, geführt zu werden.

Ich fing damals an, mich mit Psychologie, Pädagogik und gruppendynamischen Prozessen zu beschäftigen. Und was soll ich sagen? Menschen sind in gewisser Weise auch »nur« Herdentiere. Und sie scheuen oft das Unbekannte. Außerdem hatte der Korvettenkapitän mir wirklich sehr genau zugehört und mich auf meine Art der Formulierung aufmerksam gemacht: Ich hatte schon damit Zweifel provoziert und beispielsweise an dem beschriebenen Abend im Kaminzimmer mit der Fragestellung bereits impliziert, dass »alle« unzufrieden seien.

Jahrzehnte später hatte ich eine Schülerin, die Yogakurse für Schwangere anbietet. Sie erzählte mir, dass sie zu Beginn jeder Stunde in die Runde frage, wie es den werdenden Müttern ginge und dabei sehr aufpassen würde, an wen sie das Wort zuerst richte: Wenn sie eine fröhlich wirkende Frau anspreche, die berichte, dass sie sich gut fühle, würden auch die danach Befragten eher positive Dinge äußern. Käme als erste Antwort schon die reinste Wehklage über Wasser in den Beinen, Übelkeit und Kreuzschmerzen, kippe die Laune der ganzen Gruppe.

Wenn die Stimmung einer Masse erst mal negativ ist, wird sich kaum einer inspiriert fühlen, etwas Positives zu sagen. Mit der eigenen guten Stimmung vorweg zu gehen, das empfiehlt sich beim Führen von Menschen und Pferden.

Dr. Karl Blobel

Bei aller Experimentierfreude brauchte auch ich dabei immer mal wieder Unterstützung oder besser gesagt Zuspruch. Argumente wie auch das vorübergehende Reiten ohne Zügelverbindung mache die Vorhand der Pferde kaputt, wollte ich nicht einfach ignorieren und suchte deshalb Rat bei unserem Tierarzt Dr. Karl Blobel. Ein Typ der Marke hart aber herzlich, der durch seine Arbeit für die FN weltweit Anerkennung fand, aber bei jeder Gelegenheit darauf verwies, dass sein Bruder das Genie in der Familie sei. Der hatte nämlich 1999 den Nobelpreis für Medizin bekommen.

Blobel legte Pferde für Operationen in ihren Boxen in Vollnarkose und lachte selbst dann noch, wenn er sich eine gefühlte halbe Stunde in der Mähne eines panischen Patienten festkrallen musste, um endlich eine Spritze zu setzen. Er war jahrelang bei Olympischen Spielen, Europa- und Weltmeisterschaften für die Betreuung der deutschen Pferde aller Disziplinen zuständig und besonders als Experte für Lahmheiten gefragt.

Mit ihm sprach ich über die Bedenken bezüglich der Vorhand und werde nie vergessen, dass er sie komplett vom Tisch wischte: »*Wussten Sie, dass im Dressursport genau so viele Pferde auf der Vorhand kaputt gehen wie im Springsport?*« Wusste ich nicht und ich habe es auch nicht überprüft. Als er anfügte, dass er noch nie erlebt habe, dass Schulpferde dieses Problem hätten (»*Wenn die auf der Vorhand kaputt gehen, dann waren sie es wahrscheinlich vorher schon*«) atmete ich regelrecht auf: eine Baustelle weniger. Auch wenn selbst die Aussage so eines ausgewiesenen Experten sofort wieder Kritiker auf den Plan rief, die mal meinten, dass nur Tierarzt X oder Tierarzt Y solche Fragen richtig beurteilen könne. Ich habe bis heute das Gefühl, das richtet sich ein bisschen danach, welcher Fachmann gerade besonders in Mode ist.

Bio-Reitlehrer

Apropos Mode: Nachdem es jahrzehntelang »in« war, vor allem die Alternativen, die Bio-Reitlehrer (so nennt mich ein Freund unseres Stammgastes Nele bis heute) und Pferdeflüsterer ins Kreuzfeuer der Kritik zu stellen, begann sich das Blatt irgendwann zu wenden: die FN und die internationale Dachorganisation des Pferdesports (FEI) wurden zur Zielscheibe. Zu Recht oder zu Unrecht? Welche Kritik war berechtigt, welche nicht? Und wie sollte sich der gemeine Reiter oder sogar Pferdebesitzer dazu stellen? Ich habe mir, wie gesagt, vorgenommen, zumindest mit Respekt auf jede Methode zu gucken, die dem Wohl des Tieres dienen soll.

KAPITEL 11

Deutsche Ponymeisterschaft

»*Hätte meine Tochter bloß einen richtigen Lehrer gehabt.*«

Mal angenommen, man macht jemandem ein wirklich großes Geschenk. Man hat sich liebevoll überlegt, womit man ihm eine Freude machen könnte, hat sich mächtig angestrengt, um es selbst herzustellen, es schön eingepackt, sich wie Bolle darauf gefreut, dass der Beschenkte sich freuen wird – und dann lehnt der die Gabe einfach ab.

Von 1979 bis Mitte der 1980er-Jahre trainierte ich ein junges Mädchen, Friederike, der ihr Vater Willi eine große Karriere als Dressurreiterin vorhersagte. Man könnte auch sagen, er wollte ihr diese Karriere zum Geschenk machen. Er war Frührentner und tat alles dafür, dass sie erleben durfte, worauf er selber in seiner Jugend verzichten musste: »*Mein Vater wollte, dass ich seinen Traum leben konnte. Er war Springreiter, bis sich sein Vater bei einem Reitunfall das Genick gebrochen hat. Da musste er den Bauernhof der Familie übernehmen und hat sich wohl vorgenommen, mit seinen Kindern das nachzuholen, was er selber verpasst hat.*« So fasste Friederike es zusammen, als sie Kari und mich im Frühjahr 2015 besuchte. Ungefähr neunundzwanzig Jahre, nachdem sie Sattel und Trense an den Nagel gehängt hatte, war ihr Vater verstorben und beim Ausräumen seines Hauses fielen ihr die vielen Schleifen und Pokale in die Hände, die sie mit ihrem Pony Veilchen – und mit der Unterstützung des Vaters – gewonnen hatte. Friederike war elf Jahre alt und ihrem bereits dritten eigenem Pony gerade entwachsen, als sie ein anfänglich enttäuschendes Weihnachtsfest erlebte: »*Ich weiß noch, dass nur ganz wenig für mich unter dem Tannenbaum lag. Aber als ich das ausgepackt hatte, hat mein Vater gesagt, wir hätten noch etwas zu erledigen und ist mit mir ins Nachbardorf in einen Stall gefahren. Da stand Veilchen, eigentlich hieß sie Drym Valent, in einer Box. Er hatte sie heimlich für mich gekauft und abgeholt.*«

Friederike hat zwei ältere Schwestern, die ihr Vater vergeblich für das Reiten zu begeistern versuchte: Sie lehnten den großzügig angebotenen Unterricht schnell ab. Aber die Jüngste, die biss an und Willi tat einfach alles, um sie zu unterstützen: In den ersten Wochen brachten Vater und Tochter das Pony im Anhänger zum Unterricht aus ihrem zehn Kilometer entfernten Heimatort zu uns. Als klar war, dass wir länger zusammenarbeiten sollten, bezog Veilchen eine Box in meinem Stall.

Ein verheiztes Kracher-Pony

Friederike bekam jeden, wirklich jeden Tag Unterricht und ihr Vater beobachtete jede, wirklich jede Stunde von einer Bank an unserem Reitplatz beziehungsweise aus dem Reiterstübchen oberhalb der Halle. Er hatte viel Zeit und investierte sie mit großer Leidenschaft in die Förderung seiner Tochter. Warum er ausgerechnet mir die Umsetzung seiner durchaus ehrgeizigen Pläne anvertraute, weiß Friederike heute auch nicht mehr genau. Sie meinte, er hätte wohl viel Gutes über meinen Unterricht gehört und das sei ja auch nötig gewesen. Sie erzählt: »*Veilchen war völlig verheizt, sie ist nur gerannt. Die vorherigen Besitzer hatten sie auch im Springen und in der Vielseitigkeit trainiert und natürlich versucht, ihr das Durchgehen abzugewöhnen. Hat aber nicht geklappt, im Gegenteil. Wenn ihr etwas nicht passte oder sie auf einem Turnier bei der Siegerehrung nicht ganz vorne galoppierte, fing sie an mit ihren Schweif zu kurbeln, so wie ein Propeller, und dann drehte sie durch. Das hat sie auch im Training immer wieder gemacht.«*

Trotzdem war sie ein Kracher-Pony! Reiterlich zwar sehr anspruchsvoll, ein kämpferischer Typ, an dem, so sehe ich es heute, vermutlich viel zu viel herumgezerrt worden war. Sie hatte Schwielen an den Maulspalten, legte sich schnell auf das Gebiss, machte sich steif und kam, wie Friederike sagt, ins Rennen. Aber von der Anatomie, den Gängen und dem Herz her war sie für Spitzenleistungen geboren. Größentechnisch bewegte sie sich im Endmaßbereich, sodass ich sie auch noch reiten konnte.

Mein Job war es, ihr das Durchgehen abzugewöhnen und Friederike beizubringen, ihre eigene Leistungsfähigkeit und die des Ponys voll auszuschöpfen. Dass ich das überhaupt mitgemacht habe, wundert mich heute ein bisschen. Aber wahrscheinlich galt auch da: Ich war jung, hatte Ehrgeiz und brauchte das Geld. Außerdem machte es mir schon Spaß, so intensiv mit einer Schülerin zu arbeiten. Meine eigenen Söhne waren damals noch relativ klein und hielten es auch später eher mit Friederikes Schwestern: Pferde kamen auf ihrer Suche nach einem Lieblingshobby kaum vor. Sie interessierten sich so gut wie gar nicht für das Shetty, das Kari und ich ihretwegen bei uns aufgenommen hatten.

Friederike saß sieben Tage pro Woche auf ihrem Pony: täglicher Unterricht, am Wochenende Turniere, in den Schulferien Fördertraining im Landesleistungszentrum Traventhal. Sie erinnert sich: »*Ich hatte nur die Schule und das Reiten. Vor allem das Reiten. Es war ja für nichts anderes Raum und Zeit. Manchmal bekam ich schulfrei, weil ich zu einem Lehrgang musste. Das fanden die Lehrer zwar nicht gut, aber mein Vater hat sie immer überredet.«*

Im Landesleistungszentrum in der Nähe von Bad Segeberg trainierte Friederike mit drei gleichaltrigen Mädchen die sich wie sie, als die besten jungen Reiterinnen Schleswig-Holsteins für diese Förderung qualifizierten. Und dort erlebte auch sie, dass das Verlassen bekannter Pfade Skepsis und Ablehnung produziert. Friederike: »*Die Landestrainerin war dagegen, dass ich Veilchen immer erst mal am hingegebenen Zügel geritten habe. Sie meinte, das mache die Vorhand kaputt. Aber sie hat auch gesehen, wie gut Veilchen dabei entspannen konnte. Ich bin sie immer erst mal ohne Zügelverbindung geritten. Auch auf den Abreiteplätzen bei Turnieren. Das hat zwar keiner verstanden, aber damit haben wir sie geheilt.*«

Es passte zu meinen damaligen Experimenten, dem Pony Bewegung ohne bremsenden Zügel anzubieten. Es kommt in der Natur eines Pferdes nun einmal nicht vor, festgehalten zu werden. Deshalb fangen sie erst recht an, blindwütig zu kämpfen, wenn ihre Reiter versuchen, sie mit dem Zügel am Weglaufen zu hindern. In ihrer Fliehfähigkeit eingeschränkt zu sein – das muss einem Fluchttier wie ein Todesurteil vorkommen. Und erst als Veilchen nach monatelangem Üben nicht mehr ständig Angst davor haben musste, hörte ihre Rennerei langsam auf.

Statt ins Festhalten konnte Friederike ins Treiben kommen, in einen Dialog mit ihr eintreten. Treiben ist die Sprache, die Pferde verstehen. Nicht festhalten. Ich weiß nicht, wie oft Friederike Veilchen die Zügel auf den Mähnenkamm gelegt und nur eine einzige Hilfe, zum Beispiel einen Tupfer mit der Gerte, gegeben hat.

Es war meine Weiterentwicklung dessen, was ich mit Cohinoor bei Tetzner gelernt hatte: wirklich separierte Hilfengebung. Erst als auf die eine feine Hilfe am hingegebenen Zügel die eine gewünschte Reaktionen, beispielsweise ein Schritt vorwärts, kam, war ich sicher, dass das Pony die Hilfe verstanden hatte. So sehr verstanden, dass wir sie dann auch in Kombination mit dem aufgenommenen Zügel erklären konnten.

Das gilt für mich bis heute für jedes Pferd. Bis eine feine Kommunikation mit aufeinander abgestimmten Hilfen möglich ist, muss es für sie widersprüchlich sein, vorne festgehalten und hinten getrieben zu werden. Sie fühlen sich dann unter Umständen gefesselt und versuchen nur, sich zu befreien. Bis Veilchen verstanden hatte, dass sie die Energie in ihrem eigenen System, zwischen Gebiss und Hinterbeinen, verbrauchen sollte, dauert es ein bisschen. Oder auch ein bisschen länger. Pferden und Reitern die Zeit zu geben, akustische Hilfen, Zügel-, Gewichts- und Schenkelhilfen nacheinander zu besprechen – so stelle ich mir die Grundlagenarbeit, das Herstellen eines Hilfenverständnisses, auch heute noch vor.

Willi war zum Glück schon damals genug Pferdemann, um das zu verstehen. Ich kann mich nicht erinnern, dass er mir je in den Unterricht seiner Tochter hineingeredet hätte. Bei Turnieren war es ein bisschen anders. Da wusste er schon vor Beginn der Prüfungen, welcher Richter seine Tochter angeblich sowieso nicht mochte und bei wem sie gute Chancen hätte. Dass ich für Richterschelte nie viel übrig hatte und mich auch nur mäßig gern auf Turnierplätzen aufgehalten habe, war letztlich der Grund dafür, dass er seiner Tochter nach gut sechs Jahren einen neuen Trainer suchte.

Ich bin Veilchen, wie gesagt, ab und zu selber geritten und dabei grob, sehr grob mit ihr umgegangen. Die Idee, einem scheinbar widerspenstigen, heute würde ich sagen, einem nicht verstehenden oder ängstlichen Pferd »*eines auf den Eckzahn zu geben*«, schwang damals immer noch mit. Bei unserem Wiedersehen erinnerte mich Friederike daran, dass ich meistens dann übernahm, wenn sie gar nicht mehr zurechtkam. Heute halte ich so ein Vorgehen in der Regel für unpraktisch: Je mehr technisches Können jemandem zur Verfügung steht, desto mehr Möglichkeiten hat er, Gehorsam zu erzwingen. Das habe ich bei Veilchen ausgenutzt, um es Friederike leichter zu machen. Zumindest vordergründig praktisch für das Kind, wahrscheinlich unpraktisch für das Pony. Deshalb suche ich inzwischen ständig nach Win-win-Situationen. Nach Lösungen, von denen auch das Pferd mehr hat als einen irgendwie in Richtung Brust gedrückten Kopf. Unerfahrenere Reiter haben mehr Grund, behutsam zu sein. Dazu zwingt sie der Respekt, man könnte auch sagen, die Angst vor einer zu heftigen Antwort des Pferdes.

Gas geben, um zu bremsen

Fünf oder sechs Jahre gehörten Friederike und ihr Vater auf unserem Hof zum Inventar. Alle Stammgäste kannten sie, viele von ihnen saßen während der täglichen Einzelstunde, die ich ihr gab, am Reitplatz und beobachteten, wie sie Veilchen am hingegebenen Zügel aus vollem Galopp anhalten konnte. Sie machte das mit einer Kombination aus Knieschluss und Stimmhilfe, die ich damals als sehr pferdefreundlich empfand, weil sie verhinderte, dass sich der Reiter im Pferdemaul festzog und weil sie ganz konkret Veilchen ihre enorme Panik davor ersparte, mit dem Zügel gekidnappt zu werden. Aus meiner heutigen Sicht wirkt dieser Knieschluss für das Pferd allerdings wie ein Bewegungsverbot: Stillstand fast von jetzt auf gleich. Als würde man bei einem Zug die Notbremse ziehen. Dabei kann kein Pferd ein anderes zum Anhalten zwingen. Diese Möglichkeit kommt in ihrer Natur einfach nicht vor. Sie können sich nur treiben. Deshalb gebe ich heute viel lieber Gas, um zu bremsen. Ich mache was? Ja, ich arbeite inzwischen mit noch effizienteren Methoden, um ein Pferd anzuhalten, beispielsweise indem ich die Vorwärtsenergie durch ein akustisches Signal in Rückwärtsenergie umleite. Ich treibe also ins Rückwärts. Denn treiben ist die Sprache, in der Pferde miteinander kommunizieren.

Im Unterricht erkläre ich dieses Prinzip häufig durch einen Vergleich mit Golf. Auch wenn sich meine diesbezügliche Erfahrung auf Minigolf mit meinen Söhnen beschränkt, meine ich heute beurteilen zu können, dass das Treiben eines Pferdes in gewisser Weise Ähnlichkeit mit dem Treiben (ich vermeide bewusst das Wort schlagen) eines Golfballs haben sollte: Der Golfer bringt seinen Ball mit Energie auf den Weg und kann ihm dann nur noch hinterhersehen. Er gibt also einen Treibeimpuls und wartet ab, bis sich die damit freigesetzte Energie verbraucht hat. Übertragen auf das Reiten bedeutet es, man lässt das Pferd ausrollen. Oder man macht es wie die Kapitäne von Motorbooten und nutzt eine Art Umkehrschub, die Umwandlung der Vorwärts- in Rückwärtsenergie, um in die Ruhe zu kommen. Ein maritim sehr beschlagener Gast hat mir mal erzählt, dass große Schiffe vor der Hafeneinfahrt auf immer kleinere Kreise gesteuert werden, um Energie abzubauen, ohne aktiv bremsen zu müssen.

So ähnlich machen wir es beim Reiten ja auch, wenn ein Pferd durchzugehen droht: dann lenken wir es in so kleine Kreise, dass das Rennen immer schwerer und dadurch unattraktiver wird. Ich denke, man kann es so ausdrücken, dass wir das Pferd damit in die Ruhe treiben. Beim Reiten kann man bis in die schwersten Klassen beobachten, dass es immer nur ein Wechselspiel zwischen diesen beiden Möglichkeiten ist: aus Treiben und Pausieren. Je mehr Routine und Geschick jemand auf dem Pferd hat, desto weniger ist das für den Beobachter erkennbar.

Da wir Menschen (und Pferde übrigens auch) quasi Naturtalente in Sachen Pausemachen sind, ist Treiben das Einzige, was man wirklich üben muss. Wer treiben kann, kann nach meiner felsenfesten

Überzeugung bis zum Grand Prix alles reiten. Bremsen mit Umkehrschub statt durch Bewegungsverbot – heute bedaure ich immer wieder, dass mir das zu Zeiten von Friederike und Veilchen noch nicht eingefallen ist. Aber wie heißt es so schön bei Goethe? »*Es irrt der Mensch so lange er strebt.*« Mit dieser Tatsache muss man sich wohl oder übel versöhnen.

Morgens um sieben Uhr am Dressurviereck

Was unseren Stammgästen an Willi und Friederike natürlich auch auffiel, war der beachtliche Einsatz des Vaters. Man muss sich mal vorstellen, wie sehr er sein Leben, seinen Alltag, seine eigenen Bedürfnisse in den Dienst der Tochter stellte. Sicherlich auch, weil es ihm ein Bedürfnis war. Aber es bedeutete, dass er, wenn andere Familienväter Sonnabendmorgen für Frau und Kinder Brötchen holten, schon zwei Stunden an einem Dressurviereck stand und jede Bewegung verfolgte, die seine Schützlinge dort machten. Unabhängig davon, ob es regnete, hagelte oder die Sonne schien.

Viele Prüfungen begannen bereits um sieben Uhr morgens. Damit Friederike dort pünktlich in weißer Hose, dunklem Jackett und akkurat frisiert auf einem blank polierten Pony einreiten konnte, standen Vater und Tochter gegen fünf Uhr in unserem Stall, packten das Sattelzeug ein und verluden Veilchen. Ihre schwarze Mähne hatten sie meistens schon am Vorabend eingeflochten. Und wenn andere Männer Sonnabendabend Sportschau guckten, fegte Willi auf unserem Hof meistens gerade Pferdeäppel aus dem Hänger, während seine Tochter ihr Pony in die Box zurückbrachte.

Am nächsten Tag, Sonntag, machten sie das gleiche Spiel nochmal. Zu Beginn jeder Saison schien er einen Kalender mit sämtlichen Turnierterminen Schleswig-Holsteins auswendig zu lernen. Er merkte sich jede einzelne Wertnote. Sowohl die seiner Tochter als auch die ihrer Konkurrenz. Und ich wüsste nicht, dass Willi auch nur einen ihrer Starts verpasst hat.

Dass Friederikes Platz in der Schule besonders nach den großen, für die Sichtung zum Landeskader wichtigen Turnieren montags oft leer blieb, hätte eigentlich ein Warnschuss für ihn und für mich sein müssen. Sie plagte sich oft mit Fieber, Mandel- oder Mittelohrentzündung herum. Obwohl sie selbst es heute nicht so sieht, glaube ich, dass der Erfolgsdruck, unter den wir sie mit unserem Engagement setzten, manchmal zu groß war. Ihr Körper verschaffte sich durch die Krankheiten dringend benötigte Pausen.

Die achtbeste Ponyreiterin Deutschlands

1983 qualifizierten sich Friederike und Veilchen für die Deutschen Meisterschaften der Ponyreiter. Sie fanden in Lüdinghausen, südlich von Münster, statt und es ist eigentlich überflüssig zu erwähnen, dass Willi seine Tochter mit Stolz geschwelter Brust dorthin kutschierte. Ihre Karriere entwickelte sich damals genauso, wie er es sich vorstellte. Wahrscheinlich sah er sie vor seinem geistigen Auge schon dort, wo heute beispielsweise eine Isabell Werth ist. Das Ergebnis war für einen ersten Versuch auf bundesdeutscher Ebene dann auch sehr ansehnlich: der achte Platz. Friederike war die achtbeste Ponyreiterin Deutschlands! Wow! Lustig ist, dass ich mich an diese Platzierung überhaupt nicht mehr erinnern konnte. Friederike brachte mich erst bei unserem Wiedersehen darauf. Bei mir waren nur der zweite Start, ein Jahr später in der Nähe von Frankfurt, und die Vorwürfe, die ihr Vater mir danach wegen ihres mittelmäßigen Abschneidens machte, hängen geblieben. Sie landete auf Rang fünfzehn. Oder war es siebzehn? Wir wissen es nicht mehr genau.

Ich weiß nur noch, dass ich die Platzierung bei einem Starterfeld von vierzig oder fünfzig Teilnehmern gar nicht so schlecht fand.

Da die Meisterschaften im Sommer und damit mitten in unserer Hochsaison stattfanden, konnte ich die beiden nicht begleiten. Beim ersten Mal sah Willi darüber hinweg. Nach dem zweiten Anlauf störte er sich daran und gab mir zu verstehen, dass seine Tochter mehr hätte erreichen können, wenn sie nur einen besseren Trainer gehabt hätte. Meine langjährige Schülerin Sibylle erinnert sich sogar daran, dass er sich ihr gegenüber »*einen richtigen Reitlehrer*« gewünscht habe. Was auch immer er damit meinte. Eigentlich ganz logisch, dass mir seine Kritik viel lebhafter in Erinnerung geblieben ist als alle Erfolge, die wir gemeinsam gefeiert hatten.

Erschwerend hinzu kam, dass Veilchen einige Zeit vor der Meisterschaft bei Frankfurt einen allergischen Husten entwickelte und für eine Lungenspülung zehn Tage in einer Pferde-Klinik bleiben musste. War sie doch noch nicht ganz fit? Lief es deshalb nicht optimal? Oder lag es daran, dass ich Reiterin und Pony nicht gut genug vorbereitet hatte und, wohl im Gegensatz zu anderen Trainern, nicht mit vor Ort war?

Heute spielt es keine Rolle mehr. Aber wer meinem Gedanken zu Friederikes Krankheitsphasen folgen will, kann Husten auch bei Pferden als ein Zeichen von Überforderung sehen. Vielleicht war es in diesem Fall so. Vielleicht war es auch »*nur*« eine allergische Reaktion auf staubiges Stroh, die man leider bei vielen Pferden beobachten kann. Es kommt einfach darauf an, wie man solche Themen sieht. So oder so markierten die Meisterschaften in Frankfurt den Bruch zwischen Willi und mir. So wie bei ihm der Ehrgeiz mit jedem Erfolg wuchs, ging mir das Ganze immer mehr gegen den Strich. Dieser ständige Leistungsdruck, wofür sollte er eigentlich gut sein? Nicht lange nach diesem Turnier suchte er seiner Tochter einen neuen Trainer und Veilchen zog bei uns aus.

Leistung macht nicht glücklich

Ungefähr zu dieser Zeit fing Friederike an, das Geschenk ihres Vaters abzulehnen. Das lag weniger daran, dass sie den Trainer wechselte, als vielmehr an ihrem Alter. Sie war irgendetwas zwischen siebzehn und achtzehn und entdeckte, dass es auf der Welt noch andere Dinge als Schule und Reiten, besser gesagt Reiten und Schule, gab. Es war wohl ein schleichender Prozess. Um ihren achtzehnten Geburtstag herum, als der Kauf eines Großpferdes anstand, verlief die hoffnungsvoll gestartete Karriere jedenfalls im Sande.

Friederike: »*Wir waren noch unterwegs, um nach einem neuen Pferd für mich zu suchen. Die Landestrainerin und ich hatten auch eines ausgeguckt, einen großen Fuchs, aber den wollte mein Vater nicht. Es war ein Vielseitigkeitspferd, er sah mich aber eher in Dressurprüfungen durchs Viereck schweben. Ich war zu dieser Zeit mit der Schule fertig und wollte gern Arzthelferin werden. Für die Lehre musste ich nach Lübeck ziehen und ich musste sonnabends arbeiten. In der Schule hatte ich immer wieder für Turniere und Lehrgänge frei bekommen, aber in der Ausbildung ging das natürlich nicht. Außerdem wollte ich abends auch mal auf Partys gehen, mich mit Freunden treffen und so. Mein Vater hat eine Entscheidung von mir gefordert: entweder das Reiten oder mehr Freizeit. Beides ging nicht. Ich habe mich fürs Feiern entschieden. Ich wollte auch so leben wie andere Jugendliche.*«

Es muss ihrem Vater vorgekommen sein wie eine zweite Frühverrentung. Plötzlich stand er mit seinem Ehrgeiz alleine da. Und plötzlich hatte er ganz viel Zeit. Kein Unterricht mehr, keine Turniere, keine Autofahrten durchs ganze Land ... Sein Traum von einer Tochter, die ihm von Siegertreppchen zuwinkte und bei Ehrenrunden auf immer bedeutenderen Turnieren vorneweg galoppierte, zerplatzte wie eine Seifenblase.

Obwohl ich sein Beispiel vor Augen hatte, machte ich später selber eine zumindest ähnliche Erfahrung: mein jüngerer Sohn, Andreas, war mit vierzehn Jahren Kreismeister im Tennis. Er trainierte fünfmal pro Woche und zog an den Wochenenden zu Wettkämpfen. Genau wie Friederike. Ich weiß noch, dass ich seine Spiele mit der Videokamera aufnahm, um sie zu Hause mit ihm zu analysieren. Zu meinem Glück sagte Andreas aber ziemlich schnell, dass er dazu so gar keine Lust hätte.

Aus meiner heutigen Sicht war dieses von Leistungsdenken geprägte Leben, in das Friederike von klein auf hineinrutschte, ein Trugschluss: Leistung allein macht nicht glücklich. Solange es ihr Freude machte zu reiten und dazuzulernen, ergab es sich quasi von alleine, dass sie immer besser wurde, immer mehr Leistung brachte.

Als sie anfing wahrzunehmen, was ihr durch die Lappen ging, dass sie nicht mit Gleichaltrigen feiern und ins Kino gehen konnte, dass sie keine Zeit für die Dinge hatte, die Jugendlichen wichtig sind, kippte das Ganze. So lange hat sie den Verzicht darauf, nicht so zu leben wie andere Kinder oder Jugendliche, auch nicht als Verzicht wahrgenommen.

Was mich neunundzwanzig Jahre später ganz und gar mit der Situation versöhnte, waren die Worte von Friederike nach unserem Wiedersehen: Sie hätte bei uns die schönste Zeit ihres Reiterlebens gehabt.

KAPITEL 12

Keine Arme, aber ein wildes Pferd

»Sie sollen mir Mut machen und keine Angst!«

Wahrscheinlich hätte sie mir manchmal gern einen Ellenbogen in die Seite gerammt und *»Du bist aber auch ein Spielverderber!«* gerufen. Beispielsweise als ich sie nicht mal eben mit ihrem unausgebildeten vierjährigen Hengst spazieren gehen lassen wollte. In den 1980er-Jahren kam Bettina Eistel zum ersten Mal auf unseren Hof. Sie kann niemandem mit dem Ellenbogen in die Rippen knuffen, denn Bettina kam ohne Arme auf die Welt – eine Folge des in den 1960er-Jahren für Schwangere ausdrücklich empfohlenen Schlafmittels Contergan. Ihre Mutter hatte es nur zwei oder drei Mal genommen. Zwei oder drei Mal, die dazu führten, dass Achim und Hannelore Eistel wahrscheinlich die größten Mutmacher sind, die ich je kennengelernt habe. Ihnen wurde nach Bettinas Geburt 1961 geraten, sie in ein Heim zu geben und später in einer Behindertenwerkstatt arbeiten zu lassen. Aber Eistels stemmten sich gegen alles, was damals so üblich war und nur deshalb kann ihre Tochter heute Pferde mit den Zähnen satteln und mit den Füßen Hufe auskratzen.

Wer sie beim Frühstück in unserer Pension Butterpäckchen auseinanderfalten und Brötchen schmieren sah, merkte oft gar nicht, dass sie keine Hände, sondern ihre Füße auf dem Tisch hatte. Sie kann unfallfrei Suppe löffeln, randvolle Kaffeebecher zum Mund führen, mit den Füßen ein Auto samt Pferdehänger steuern und sich mit den Zehen eine Zigarette anstecken ... Und sie kann in so gut wie jeder Situation nur gewinnen. Beneidenswert! Bettina kam aus Hamburg mit ihrem Pferd Gershwin zu uns, weil sie gehört hatte, dass ich Reiten ohne Zügel unterrichten würde. Das stimmt zwar nur sehr bedingt (mein Ziel ist immer die englische Reitweise), aber wer auch immer es ihr erzählt hat, ich bin ihm bis heute dankbar. Denn Bettina ist die inspirierendste Schülerin, die ich jemals hatte. Und Gershwin – nun ja, der war eine der Herausforderungen, die ich erst im Nachhinein, als alles gut gegangen war, so richtig toll fand.

Gershwin in Schwierigkeiten

Ich erkläre immer wieder, dass es für mich keine schwierigen Pferde, sondern »*nur*« Pferde in Schwierigkeiten gibt. Und gemessen an dieser Aussage war Gershwin in den massivsten Schwierigkeiten, die man sich nur vorstellen kann. Zu Hause hatte Bettina ihren Reitlehrer gebeten, ihn für sie ins Gelände zu reiten und ich verstand sehr bald, warum der gute Mann mit den Worten »*Ich bin doch nicht lebensmüde*« abgelehnt hatte: Gershwin stand schon auf den Hinterbeinen, bevor ich ihn die paar Meter von unserem Stall zum Waldrand geritten hatte. Er stieg, sobald man die Zügel aufnahm. Egal wie viel Zeit ich mir dabei ließ, egal wie vorsichtig ich es versuchte.

Natürlich hatte auch ich sofort den Gedanken, dass ein so empfindsames Pferd nicht ganz der passende Partner für eine gehandicapte Reiterin sein könnte. Aber ich lernte schnell, mit dieser Meinung besser hinter dem Berg zu halten. Denn Bettina einen Wunsch mit der Begründung abzuschlagen, dass etwas für sie, so ohne Arme, zu schwierig sein könnte, war das beste Mittel, um sie dazu zu bekommen, genau das mit aller Macht (und manchmal mit allem Leichtsinn) zu versuchen.

Irgendwann hatte sie beispielsweise die Idee, auf einem Gestüt Hengste reiten zu wollen. Der dortige Gestütsmeister empfahl ihr stattdessen, einen Haflinger zu kaufen, mit dem sie im Schritt durch den Wald bummeln könnte. Ihre Reaktion auf solch gut gemeinte Ratschläge scheint immer ähnlich zu sein. Erst guckt sie so, als würde sie ihrem Gegenüber am liebsten einen Ellenbogen in die Rippen rammen und dann antwortet sie: »*Wenn ich immer das gemacht hätte, was man mir geraten hat, würde ich heute in einer Ecke sitzen und Tüten kleben.*« Danach wirkt der andere meistens so, als hätte er tatsächlich gerade einen Ellenbogen in die Rippen bekommen. Und zwar mit Wucht. Das weiß ich aus eigener Erfahrung.

Also Gershwin. Bettina kam meistens mit einem ganzen Haufen Stallkollegen zu uns. So auch beim ersten Mal. Eine ihrer sehr reiterfahrenen Freundinnen bot an, Gershwin auf unserem Außenplatz vorzureiten. Der Platz wird auf einer langen Seite vom Wald begrenzt, die andere Seite war damals noch zu einem daneben verlaufenden Sandweg hin offen. Es gab nur eine niedrige, grasbewachsene Böschung als Begrenzung. Bettinas Freundin führte den braunen Wallach in die Mitte des Platzes, stieg auf – und Gershwin zeigte seine zweite Reaktionsmöglichkeit auf den leichtesten Zügelkontakt: komplette Ignoranz! Egal, wie sehr die durchaus kräftige Reiterin am Zügel zog, er marschierte auf den Ausgang zu und verließ, als sei es das Selbstverständlichste der Welt, die Bahn. Ich führte ihn, mit der Frau im Sattel, zurück und positionierte mich mit ausgebreiteten Armen im Ausgang. Wie lächerlich! Genauso gut hätte ich versuchen können, mit bloßen Händen einen Panzer anzuhalten: Obwohl die Reiterin wieder kräftig gegenlenkte, blieb er erst stehen, als er den Platz bereits verlassen hatte.

Ich stellte ein Cavaletti vor den Ausgang, mich innen davor – und was soll ich sagen? Dass so viel Naivität schmerzhaft bestraft wurde.

Wie eine Walze bewegte sich Gershwin auf der rechten Hand dem Ausgang entgegen und ehe ich beiseite springen konnte, lag ich wie ein Käfer auf dem Rücken. Ich hatte die Cavalettistange in den Kniekehlen, meine Unterschenkel baumelten darüber in der Luft. Und Gershwin stand wieder neben dem Platz. Egal, wie sehr seine Reiterin versuchte, ihn zum Umkehren zu bewegen.

In der nächsten Stunde brachten wir ihn in die Halle und diskutierten das weitere Vorgehen in großer Runde: Während Gershwin mit langen Schritten den Raum erkundete, mal hier schnupperte, mal dort scharrte, drängten sich ungefähr fünf ihrer mitgereisten Reitfreundinnen neben Bettina auf der Bank in unserer sogenannten Reitlehrerecke an der Hallentür.

Alle guckten mich erwartungsvoll an: Was machen wir jetzt? Reiten schied schon mal aus und Bettinas Vorschlag, eine Longe in den Mund zu nehmen und ihr Pferd daran im Kreis gehen zu lassen, schien mir allenfalls ein lukratives Geschäft für ihren Zahnarzt zu sein. Zumal sie sich zum Treiben eine Gerte unter das Kinn klemmen wollte. Auf Gerteneinsatz reagierte Gershwin ungefähr genauso sensibel wie auf die leichteste Zügelverbindung. Also erst mal ohne alles.

Ich fragte in die Runde: »*Habt Ihr schon mal versucht, ihn vom Boden aus ohne Longe zu treiben?*« Allgemeines Kopfschütteln. Ich fragte weiter: »*Möchte jemand von euch mal versuchen, ihn einfach so, ohne Werkzeug, in Gang zu bekommen? Ich weiß auch nicht wie, aber wir simulieren einfach mal, wir hätten keine Hände, in denen wir eine Peitsche halten könnten. Wer möchte das mal machen?*« Blankes Entsetzen in den Augen aller Damen auf der Bank. Zumindest bei denen, die mich noch ansehen konnten. Die anderen studierten ihre Fußspitzen und schüttelten dabei die Köpfe. Ich wette, sie dachten allesamt: »*Lieber nicht! Nachher bin ich hier der Depp, der nicht mal ein Pferd bewegen kann.*« Ich bin mir so sicher, weil ich diesen Gedanken ja quasi erfunden und bis zur Meisterschaft ausgebaut hatte.

Lieber nichts wagen, als sich zu blamieren. Ich versuchte noch einmal, sie zu motivieren: »*Es ist doch nur ein Versuch. Einfach mal etwas ausprobieren ...*«

Da stand Bettina auf und sagte: »*Ich habe das zwar noch nie gemacht, aber ich traue mich einfach mal.*« Solche Situationen habe ich mit ihr immer wieder erlebt: Während jeder andere die große Blamage fürchtete, hatte sie nichts zu verlieren. Entweder das, was sie vorhatte, klappte, oder jeder lobte sie dafür, dass sie es überhaupt versuchte. So ohne Arme. Schade, dass wir uns so die Lust am Experiment, an neuen Dingen oft selber nehmen. Nur weil wir Arme haben.

Ich schwankte, dachte daran, wie Gershwin Bettina schon angerempelt und fast zu Fall gebracht hatte. An einem ihrer Hosenbeine war eine Art Strumpftasche angenäht. Auf dem Bein stand sie, während sie mit dem anderen Fuß Leckerlis aus dem Beutel fischte. Genau in diesem, selbst für die perfekt ausbalancierte Bettina wackeligen Moment, hatte Gershwin sie schon häufiger so mit dem Kopf bedrängt, dass sie das Gleichgewicht verlor. Und wenn jemand ohne Arme stürzt, dann fällt er nicht einfach hin, sondern wirklich um. Dieses Bild vor Augen, entschied ich, mit gutem Beispiel voranzugehen: »*Ich mache es erst mal selber.*«

Bettina strahlte mich an: »*Ich kann mir nicht vorstellen, was Sie da jetzt machen wollen, aber ich finde es sowas von spannend!*« Sie setzte sich wieder auf die Bank. Ich schob die Hände in die Jackentaschen und presste meine Arme fest an den Körper. So ging ich auf Gershwin zu und versuchte ihn mit den Mitteln zu beeindrucken, die einem ohne Arme zur Verfügung stehen: Am Anfang hüpfte ich in ein paar Metern Entfernung rauf und runter wie ein Gummiball. Dazu schnalzte ich, sprang immer weiter in seine Richtung, rief langsam lauter werdend »*Buuuuh!!!*«. So lange, bis ich ihn regelrecht anbrüllte. Auf den Zuschauerplätzen wurde gekichert. Irgendwann stand ich direkt vor ihm und bin gegen seine Schulter gesprungen. Da wandte er sich das erste Mal ab. Er wich einen, vielleicht zwei Meter aus und ich fror quasi in der Bewegung ein: Er hatte mir Platz gemacht! So wie es rangniedrigere Tiere für ranghöhere tun. Diese Erklärung liefern wir heute schon zu Beginn jeder Stunde Bodenarbeit. In den 1980er-Jahren gab es für solche Themen keine Vorbilder, keine Bücher, keine Filme, nichts. Zumindest nichts, was den Weg bis zu mir nach Klingberg gefunden hatte.

Gut geblufft ...

Nachdem er mir erstmals ein bisschen ausgewichen war, fühlte ich mich bestärkt und probierte weiter. Dabei wurde ich mittlerweile von drei Seiten kritisch beäugt: Vor mir stand Gershwin, der den Beginn meiner Hampelei erst ignorierte und dann immerhin mit gespitzten Ohren beobachtete. In meinem Rücken saßen die mucksmäuschenstillen Schülerinnen auf der Bank und im Reiterstübchen oberhalb der Halle hatten sich ob meines Gebrülls inzwischen einige Gäste versammelt, die wissen wollten, warum ich wie ein Irrer um ein frei stehendes Pferd herumsprang.

Es ist ein Experiment, das ausdrücklich nicht zur Nachahmung empfohlen ist: Bei zwei oder drei anderen Pferden habe ich später erlebt, dass sie sich so bedroht fühlten, dass sie zum Angriff übergingen. Gershwin blieb vergleichsweise ruhig, mehr noch, er reagierte geradezu interessiert. Nachdem ich ihn mehrmals durch Rempeln an der Schulter und gleichzeitiges Schnalzen zum Ausweichen bewegen konnte, ging er irgendwann nur auf das akustische Signal hin weg. Mehr noch, ich konnte ihn zu mir rufen und er blieb ganz selbstverständlich zwei Schritte vor mir stehen. Und das, nachdem er mich am Vortag einfach umgewalzt hatte!

Wir machten dieses Spiel ungefähr fünfzig Minuten lang. Eine Zeit, in der ich die Zuschauer peu à peu völlig ausblendete: Ich hatte nur noch Augen für das Pferd und behaupte einfach mal, dass es schwer zu beurteilen war, wer von uns beiden mehr auf den jeweils anderen konzentriert war. Wahrscheinlich weil jemand hustete oder die Tür zum Reiterstübchen klappte, fielen mir die Zuschauer wieder ein und ich wusste, dass sie gleich fragen würden, warum sich Bettinas, wie sie selber sagte, »*Wildpferd*« plötzlich so freundlich, zugewandt und interessiert zeigte. Ich drehte mich zu ihnen um und Gershwin begleitete mich. In respektvollem Abstand schlappte er hinter mir her, blieb stehen, wenn ich anhielt, setzte sich wieder in Bewegung, sobald ich weiterging.

Die Erklärung dafür lag auf der Hand: Jeder, der bis dahin mit ihm zu tun hatte, auch ich, hatte dieses sensible Pferd völlig überfordert. Aus Sorge, uns nicht genug Respekt verschaffen zu können, waren wir viel zu kräftig zu Werke gegangen. Wir hatten im wahrsten Sinne des Wortes übertrieben und ihm damit wahrscheinlich eine Riesenangst gemacht.

Für ein Pferd ist es normal, von anderen Pferden körperlich bedrängt zu werden. Im Gegensatz zu Gerten, Longierpeitschen oder Ähnlichem ist dieses Bedrängen relativ langsam. Zumindest im Vergleich zur Reaktionsgeschwindigkeit eines Pferdes. Das macht es berechenbar. Jedes andere Werkzeug wird viel zu schnell giftig. Ich habe meine Technik über die Jahre immer weiter verfeinert und weiß inzwischen, dass das wilde Herumspringen besonders bei zur Hektik neigenden Pferden gar nicht nötig ist. Zumindest nicht lange. Einmal gut gebluft ist halb gewonnen.

Jahre später las ich, welch schöne Beschreibung Monty Roberts in einem seiner Bücher dafür gefunden hat, wie sich der Mensch im

Umgang mit Pferden bewegen solle: so als hätte er zuvor in Schweröl gebadet. Hätte ich das früher gewusst! Nicht so sehr, dass man gedanklich in ein Ölfass steigen soll, sondern, dass es noch mehr Menschen gab und gibt, die die bisher bekannten Pfade im Umgang mit Pferden verlassen. Andere Reiter, die Experimente wagen, dabei natürlich auch mal schiefliegen, dafür aber neue Erkenntnisse gewinnen und sich dann trauen, Sachen anders zu machen. Wie gesagt, es hätte mir, meiner Familie und den Schülern, die sich trotz der Ächtung in ihren Reitvereinen mit mir auf den Weg gemacht hatten, so geholfen!

In den 1980er-Jahren, ohne Internet und ohne Fernsehprogramme aus aller Welt, hatte ich das Gefühl, der Einzige zu sein, der diese Beobachtungen machte. Und damit auch der Einzige, der dafür bestenfalls belächelt wurde. Eine Erfahrung, die auch Bettina nicht erspart blieb. Natürlich ließ ich sie selbst probieren, mit Gershwin vom Boden aus zu kommunizieren und er reagierte genauso wie bei mir.

In ihrer Autobiografie »*Das ganze Leben umarmen*« beschreibt sie, wie es war, das im Urlaub Praktizierte zu Hause fortzusetzen: Es gab »*schiefe Blicke*«, »*dumme Sprüche*« und »*wenn ich zum Aufwärmen meine kleinen Balletttänzchen mit Gershwin veranstaltete – das Pferd in die Halle kommen lassen, sich umdrehen, es dann wieder wegtreiben und wieder herankommen lassen – waren einige der sogenannten Reiterkameraden drauf und dran, die Männer mit den weißen Jacken zu alarmieren.*«

Einfach nicht mehr bremsen

Vom Boden aus hatten wir einen Weg gefunden, mit ihrem Pferd zu kommunizieren. Aber was war mit dem Reiten? Gershwin war ein relativ langes Pferd, hatte sehr schwungvolle Gänge und Bettina sah sich mit ihm in der Versammlung erhaben über den Boden schweben. Trotz seiner extremen Sensibilität gegenüber dem Zügel. Also probierten wir es tatsächlich ohne. In der Natur bekommt ein Pferd immer nur einen Treibeimpuls. Es wird in irgendeine Richtung geschickt. Aber niemals springt das ranghöhere, das treibende Pferd ihm dabei in den Weg. Gasgeben und gleichzeitig bremsen zu können, diese Möglichkeit haben nur Menschen und es ist eigentlich logisch, dass Pferde sie zunächst nicht verstehen. Selbst einem technischen Gegenstand wie einem Auto tut es nicht gut, wenn der Fahrer auf das Gaspedal tritt und aus Angst vor der Geschwindigkeit im selben Moment die Handbremse zieht. Meine Beobachtungen bei Gershwin ähnelten denen, die ich bei Waldensa gemacht hatte: Wenn treibende und bremsende Hilfen nicht exakt aufeinander abgestimmt sind – und Gershwin war noch viel empfindlicher als die Stute mit den schönen Ohren – fühlt sich das Pferd gekidnappt. Es kämpft um seine Freiheit, flieht entweder noch schneller, was der Mensch mit noch mehr bremsen beantwortet, oder es blockiert und bewegt sich gar nicht mehr. Gershwin hatte, wie Bettina immer wieder betonte »*exzellente Beschleunigungswerte*«. Je mehr wir versuchten, sein Tempo zu regulieren, ihn langsamer zu machen, desto schneller wurde er.

Die Lösung konnte also nur sein, ihn gar nicht mehr zu bremsen. Und obwohl sie ja eigentlich wegen genau dieser Idee zu mir gekommen war, zog sie, als ich ihr meinen Trainingsplan erklärte, erst mal die Augenbrauen in Richtung Haaransatz: »*Sind Sie ganz sicher, dass das gut geht?*«

Ich war ganz sicher und Bettina war abenteuerlustig genug, sich auf das Experiment einzulassen: Sie ließ sich von einer ihrer Freundinnen in den Sattel helfen, Aufstiegshilfen, wie wir sie heute an jedem Reitplatz haben, waren damals weitgehend unbekannt. Ich schob ihr das dickere Ende einer Gerte in den Mund und bat sie, Gershwin durch ganz leichtes Anlegen an der Schulter in Bewegung zu setzen. Sie sollte einen minimalen Treibeimpuls geben und dann sofort Pause machen, ihn ausrollen lassen.

Wieder waren die Zuschauerplätze in unserer Halle voll belegt, wieder vergaß ich die vielen Menschen in meinem Rücken. So konzentriert, gespannt, neugierig, was auch immer, verfolgte ich den Dialog, der da zwischen Pferd und Reiterin entstand: Ähnlich wie ich es mit Waldensa gemacht hatte, gab sie ihm eine Hilfe, so als würde sie fragen: »*Wie findest du es, wenn ich die Gerte an deiner Schulter anlege?*« Dann wartete sie auf die Antwort des Pferdes, beispielsweise auf drei Schritte vorwärts. Nach ein paar Tagen konnte Bettina Gershwin mit Stimme (Schnalzen), Gerte und Schenkeldruck über am Boden liegende Stangen dirigieren, ihn abwenden, ausrollen lassen und wieder starten.

Ich glaube an ihrem letzten oder vorletzten Urlaubstag teilte ich meine Halle in zwei Teile und machte die eine Hälfte mit Litze zu einer Art Roundpen. Ich sperrte die Ecken ab, um die Unendlichkeit der Steppe, in der Pferde natürlicherweise leben, zu simulieren. Die Ecken, in denen Gershwin sonst abrupt hätte abbremsen und Bettina im Sattel aus dem Gleichgewicht bringen können. Es gab für ihn nur eine Möglichkeit: vorwärts! Wie in der Natur. Bettina ritt los, wieder mit der Gerte im Mund, ließ ihn starten und ausrollen. Das funktionierte in allen Gangarten. Sie strahlte! Und im Gegensatz zu meinen anderen Schülern konnte sie ihre Kritiker, die sich zu Hause über diese Art des Reitens aufregten, mit dem schlichten Hinweis auf ihre besondere Situation mundtot machen: »*Ich kann nun mal nicht so reiten wie Menschen mit Armen. Also muss ich mir etwas anderes einfallen lassen.*«

Was mir dazu einfiel war die Frage, warum ich nur für jemanden mit körperlichem Handicap nach Alternativen zum bisher Bekannten suchen sollte? Waren nicht Menschen mit einer riesigen Angst vor Pferden auch, nur eben auf andere, im Alltag nicht weiter störende Art und Weise, eingeschränkt? Zumindest dann, wenn sie gleichzeitig den ebenso riesigen Wunsch verspürten, mit diesen Tieren zu tun zu haben. Angst kann so übermächtig sein, dass sie jede Freude, jedes Lernen, jede gute Erfahrung unmöglich macht. Sie begrenzt oder sie grenzt einen sogar aus.

Als ich Bettina kennenlernte, war ich voller Begrenzungen: Mal war ich zu groß, um ein Pferd vernünftig reiten zu können, mal zu klein. Mal zu dick, mal zu dünn. Das Wetter war zu schlecht, der Hallenboden zu rutschig oder zu trocken, der Sattel nicht bequem genug oder die Zuschauer verunsicherten mich ... Frei nach dem Motto: »*Irgendwas ist immer.*« Und dann kommt da jemand, bei dem tatsächlich immer irgendwas ist beziehungsweise dramatischerweise irgendwas fehlt – und schreibt ein Buch mit dem Titel »*Das ganze Leben umarmen*«. Dabei ist mir aufgegangen, dass Grenzen immer nur da sind, wo wir sie ziehen. Alles ist möglich – die Frage ist »*nur*«, ob ich bereit bin, es möglich zu machen und beispielsweise acht Monate tagtäglich zu üben, dass ein Pferd so den Kopf zu mir absenkt, dass ich es mit den Füßen auftrensen kann.

Mirado und noch ein Gesichtsverlust

Bettina kam öfter zu uns. Immer mit irgendwelchen »*Wildpferden*« im Schlepptau. Noch ein bisschen beeindruckender als Gershwin war ein Lusitanohengst, der so unglaublich bissig war, dass wir ihm in der Box nicht mal das Halfter anziehen konnten. Unser Stall grenzt direkt an die Reithalle und zum Glück gibt es eine Verbindungstür: Anfangs trieb ich Mirado nämlich aus der Box heraus, durch die Stallgasse bis in die Halle vor mir her. Möglichst ohne ihn überhaupt anzufassen. Anders war es mir zu gefährlich. Ich bin bis heute überzeugt, dass Pferde durch unfaire Behandlung zu Beißern werden und war deshalb entschlossen, ihn nicht mal mit der Gerte zu touchieren.

Auch er stand, nachdem ich ihn aus seiner Box dorthin getrieben hatte, frei in der Bahn und ich ging mit einer Longierpeitsche in seine Nähe. Ich hob die Peitsche an, machte mich groß, nahm Raum ein – und der Schimmel klappte die Ohren nach hinten und schickte mir seine Zähne entgegen. Ich hielt gegen, machte mich noch ein bisschen größer – und er schlug klappernd die Kiefer aufeinander. Wir standen uns gegenüber wie zwei Boxer, die beide überlegten, wo der andere eine Angriffsfläche bieten, einen wunden Punkt haben könnte. Es war ein Wettrüsten, bei dem ich als Nächstes gezwungen gewesen wäre, ihm doch das Band der Longierpeitsche überzuziehen.

Bevor es soweit kam, brach ich ab, drehte mich von ihm weg und guckte mich in der Halle nach einem geeigneteren Werkzeug um. Unter Gästen und Kollegen hatte sich inzwischen herumgesprochen, welche vierbeinigen Herausforderungen Bettina mit dem Strick im Mund durch die Gegend zu führen versuchte. Die Zuschauerplätze waren bei ihren Unterrichtsstunden also meistens voll, es war mucksmäuschenstill, jede meiner Bewegungen wurde beobachtet.

So sehr mir die Aufmerksamkeit gefiel, so bedrohlich erschien sie mir. Noch viel bedrohlicher als das Pferd. Solche Situationen waren (und sind es teilweise bis heute) ein Balanceakt für mich. Ein schmaler Gerad zwischen Ruhm und Blamage. Was würden all diese Leute denken, wenn ich nicht mit ihm zurecht käme? Gesichtsverlust ist schlimmer als der Tod.

Mein Blick fiel auf blau-weiße Hindernisstangen, die über der Bande lagen: vier Meter lang, aus Plastik, innen hohl, relativ leicht zu tragen. Ich hob eine aus der Halterung und hielt sie wie ein Stabhochspringer beim Anlauf vor mich. Langsam ging ich auf Mirado zu – für schnelle Bewegungen war die sperrige Stange wirklich nicht geeignet und das war auch gut so. Sie machte meine Bewegungen so langsam, dass sie für das Pferd kalkulierbar wurden, ihm dadurch weniger Angst machten.

Er beobachtete mich zunächst trotzdem in absoluter Alarmbereitschaft: Kopf hoch, Ohren gespitzt, den Schweif aufgestellt. Als ich nah genug bei ihm war, drückte ich ihm die Stange gegen die Ganasche. Er probierte in bewährter Manier sie wegzubeißen, schlug mit dem Kopf und knallte die Zähnen krachend gegen das glatte Plastik, rutschte daran aber nur ab. Ich stützte die Stange auf dem Boden ab und hielt gegen. Er auch. Zwischendurch machte er immer wieder den Versuch, die Stange anzugreifen, aber irgendwann, nach einer gefühlten Ewigkeit, nahm er den Kopf ein ganz kleines bisschen zur Seite. Ich atmete ganz kurz auf, gab meinerseits einen Moment nach und setzte wieder neu an.

Wäre es nicht so spannend gewesen, ich hätte längst gemerkt, dass meine Arme vom Halten der Stange lahm waren. Aber für solche Wehwehchen war jetzt kein Platz. Er wich, ich hielt inne und setzte wieder an. Bis er den Kopf richtig beiseite nahm. Dann bedrängte, besser gesagt schob ich ihn an seiner Schulter. Wieder versuchte er, die Stange durch Beißen loszuwerden, schnappte in die Luft und machte irgendwann einen Schritt zur Seite, dann einen zweiten, einen dritten und drehte sich richtig von mir weg. Der Abstand, aus dem ich ihn treiben konnte, wurde immer größer. Wie ein Herdenchef seinen Kollegen schon aus zig Metern Entfernung signalisieren kann, wo sein »*Tanzbereich*« beginnt, konnte ich Mirado durch die ganze Halle dirigieren, antraben und abwenden lassen.

Nach einer Dreiviertelstunde wechselte ich das Werkzeug. Statt der Stange schob ich mir zwei orange-weiße Plastikkegel, diese Hütchen, mit denen bei Bauarbeiten Straßen abgesperrt werden, über die Arme und bedrängte ihn wieder in sehr langsamen Bewegungen am Kopf. Er wich mir so weich aus, wie ein warmes Messer Butter schneidet. Am liebsten hätte ich die Kegel jubelnd in die Luft geschleudert. Das habe ich mir verkniffen, ich wollte das Pferd ja nicht erschrecken. Aber übermütig wurde ich leider trotzdem: Nach einer guten Stunde glaubte ich, mir ein vergleichsweise kleines Werkzeug, einen Stick, erlauben zu können. Eine Fehleinschätzung!

Ich ging mit dieser etwas längeren Reitgerte in seine Richtung – und er schoss mit aufgerissenem Rachen auf mich zu. Ich versuchte noch, ihm mit dem Stöckchen auf die Nase zu klopfen, aber das nahm das Pferd wahrscheinlich allenfalls als Windhauch, als laues Lüftchen wahr. Er griff mich, den Profi, der anderen Leuten gegen Geld zeigte, wie sie mit schwierigen Pferden umgehen sollten, richtig an. Ich wich erst zurück, dann schmiss ich den Stick beiseite und rannte um mein Leben! Unter den bestenfalls erschrockenen, größtenteils aber mitleidigen Blicken von mindestens zwanzig Zuschauern schlug ich Haken wie ein Hase und rannte vor einem zähnefletschenden Pferd davon. Die Bank in der Reitlehrerecke neben der Hallentür steht auf einem kleinen Podest. Als Abtrennung zur Reitbahn gibt es eine vielleicht 1,20 Meter hohe Bretterwand. Ich sprang dahinter, Mirado bremste davor ab, riss den Kopf hoch, schnaubte aus geblähten Nüstern. Als würde er triumphieren, als wollte er sagen »*Sieg!*«

Natürlich denken Pferde so etwas nicht. Sie reflektieren gar nicht über ihr Tun, sondern machen, wie gesagt, das, was ihnen praktisch erscheint. Er hatte den Spieß einfach umgedreht und mich getrieben. So wie ich ihn zuvor. So machen Pferde das nun einmal. Sie testen aus, wer mehr kann. Sie tun das, um im Notfall zu wissen, wer in einer Gefahrensituation das Sagen hat. Ihr Vorteil: Sie haben dabei weder Ruhm noch Ehre zu verlieren. Wenn ein Pferd meint, dass ein anderes kompetenter ist, räumt es das Feld. Es macht ihm Platz. So wie wir, ich erwähnte es bereits, ins Trockene gehen, wenn es regnet. Beneidenswert!

Denn wie stand ich nun da? Als Reitlehrer, der sich von einem Pferd treiben ließ. Wie ein Gefangener lehnte ich mit klopfendem Herzen hinter der Bande an der Bank, den Blick an Bettinas Pferd und seine bebenden Flanken geheftet. Das war immer noch besser, als in die Gesichter der Zuschauer oben im Reiterstübchen gucken zu müssen. Es war genau die Situation, vor der ich mich in meinem Leben immer dann gefürchtet hatte, wenn ich mich letztlich entschloss, irgendetwas lieber nicht zu tun.

Wir haben mit den Hindernisstangen weitergearbeitet. Nach einer Woche konnte ich Mirado in der Box das Halfter anziehen und ihn am Strick in die Halle führen. Ich stelle mir vor, dass es bissigen Pferden ähnlich gehen muss wie einem Choleriker, der erst mal irgendeine Sicherheit daraus zieht, Menschen, die ihm unbewusst Angst machen, anzubrüllen. Selbst wenn er dann hart arbeitet, um sich das zum Reflex gewordene Lautwerden abzugewöhnen, fällt er, wenn der Druck von außen nur einen Tick zu groß wird, wieder in dieses Muster zurück. Mit Mirado war es jedenfalls so, dass die Neigung zum Beißen immer mal wieder durchkam. Er hatte einfach so sehr gelernt, sich dadurch Erleichterung zu verschaffen, sich bedrohliche Menschen vom Hals zu halten. Und was wissen wir schon darüber, wodurch sich ein Pferd alles bedroht fühlen kann. Beispielsweise auch durch die Hand, die sich in streichelnder Absicht nähert. Das Pferd weiß ja nie, ob es im nächsten Moment nicht doch geschlagen wird.

Ich führte mit Bettina viele Gespräche darüber, warum sie sich immer wieder ausgerechnet die Pferde aussuchte, die sie vor so viel mehr als die üblichen Herausforderungen stellten. Inzwischen wohnte sie ganz in unserer Nähe an der Ostsee und ich bin eine Zeit lang regelmäßig zu ihr gefahren und habe mit ihr beziehungsweise mit ihren Pferden gearbeitet. Das war noch, bevor sie mehrfache Deutsche Meisterin und Europameisterin im Dressurreiten mit Handicap wurde, in den Kader für die Paralympics kam und im Jahr 2004 in Athen unter anderem eine Silbermedaille gewann.

Letztlich war es sicher ihr Ehrgeiz, der sie immer wieder zu Pferden in Schwierigkeiten getrieben hat. Auch der erst vierjährige, vollkommen unerzogene Hengst Habanero, mit dem sie bei uns im Gelände arbeiten wollte, war so eine Herausforderung. Ich sehe sie noch mit seinem Führstrick im Mund neben ihm auf unserem Hof stehen und ihr *»Ellenbogen-Gesicht«* machen, als ich davon abriet, mal eben mit diesem jungen Pferd ins Abenteuer zu ziehen. Das hätte ich auch jedem Schüler mit Armen geraten und bin es eigentlich gewöhnt, dass derartige Tipps schon aus lauter Vorsicht zumindest vorläufig angenommen werden. Bettina aber stampfte mit dem Fuß auf und rief: *»Sie sollen mir Mut machen und keine Angst!«*

Mein Härtefall Wildfang

Wenn ich geglaubt hatte, dass Gershwin in den massivsten Schwierigkeiten steckte, die man sich nur vorstellen kann, dann hatte ich diese Rechnung ohne den braunen Westfalenwallach gemacht, den ich 1986 kennenlernte. Wildfang war erst seinen Besitzern, ihrem heimischen Trainer und dann mir unter dem Sattel zu gefährlich geworden. Als er erstmals zu uns kam, war er vier Jahre alt und ein relativ normales, etwas kasperiges junges Pferd.

Conny, die Tochter der Besitzerin Hildegard, ist bei mir im Unterricht mit ihm über kleine Hindernisse gesprungen und ich wüsste nicht mehr, dass er sich als viel anspruchsvoller gezeigt hätte, als es in seinem Alter normal ist. Auffallend war allerdings, dass er im Umgang mit Artgenossen ziemlich asozial war und gern mal zuschlug. Da sich Hildegard und Conny seine Ausbildung nicht zutrauten, holten sie sich im heimischen Köln einen Trainer als Unterstützung dazu. Der hielt Wildfang für unterfordert, für einen Klassenclown, dem man seine Flausen austreiben müsse.

Sicher im guten Glauben, das Richtige zu tun, stellte er ihm deshalb immer größere Aufgaben und empfahl das Reiten verschiedener Lektionen in schneller Folge. Falls Wildfang anfangs wirklich unterfordert war, so wurde er dadurch scheinbar sehr schnell überfordert.

Als seine Besitzerinnen 1987 wieder mit ihm bei uns Urlaub machten, hatte er sich jedenfalls das Steigen angewöhnt, biss um sich und durchbrach nahezu jeden Weidezaun. Beim Reiten schmiss er sich teilweise im vollen Galopp plötzlich hin. Man könnte auch sagen, er verlor die Beine. Das ist die Formulierung, die ich heute bevorzuge, denn dass ein Pferd Spaß daran hat, mit Wucht auf den Boden zu krachen, kann ich mir nicht vorstellen. Es war, aus meiner heutigen Sicht, sein Ausdruck tiefster Not, Hilflosigkeit, Angst, was auch immer.

Der Ausbilder in Köln hatte ihn in einer Ecke der Reithalle so lange verprügelt, bis er, wie Conny es heute noch mit einem Zittern in der Stimme erzählt, »*keine Antwort*« mehr gab. Also, bis er nicht mehr zurückschlug. Hildegard war mehrfach mit ihm gestürzt und ein besonders dramatischer Unfall passierte während ihres zweiten Urlaubs bei uns: Sie war schon eine Weile mit ihm im Wald unterwegs, so dachten wir zumindest, als ein Bewohner der Ferienhaussiedlung in unserer Nähe bei Kari im Büro anrief. Er fragte, ob wir ein gesatteltes Pferd vermissten? Er habe es allein auf der Straße zwischen dem Wald und dem Pönitzer See, ganz in der Nähe unseres Hofes, laufen sehen. Wenn man so eine Nachricht bekommt, ist es fast egal, ob tatsächlich eines der eigenen Pferde auf Abwegen ist oder ob da ein fremdes Tier reiterlos durch die Nachbarschaft tobt: Bei Kari klingelten alle Alarmglocken!

Sofort trommelte sie einen ganzen Trupp von Mitarbeitern und Gästen zusammen, der ausschwärmte, um vor allem die Reiterin und natürlich auch das Pferd zu suchen. Da Hildegard eigentlich längst hätte zurück sein müssen und weil die Beschreibung des Pferdes auf Wildfang passte, war Conny in höchster Sorge. Sie sprang zu Kari ins Auto und die beiden fuhren die breiteren Waldwege ab.

Carola machte sich auf, um das Pferd einzufangen. Sie erinnert sich: »*Er kam mir auf dem Waldweg gegenüber der Ferienhaussiedlung entgegen. Ganz ruhig im Schritt, mit schaukelnden Steigbügeln und auf dem Hals liegenden Zügel. Das Normale wäre gewesen, ihn einfach nach Hause zu führen. Aber Willy ist mich richtig angegangen und hat nach mir gebissen, als ich das nur versucht habe. Deshalb dachte ich, dass ich im Sattel besser mit ihm zurechtkommen würde. Ich musste zwar mit einem Fuß im Steigbügel ein bisschen neben ihm herhüpfen, aber dann konnte ich genug Schwung holen und saß oben. Wir sind halb tänzelnd, halb Schritt gehend nach Hause geritten und ich weiß noch, dass ich in der Einfahrt des Hofes abgesprungen bin, weil Willy immer schneller wurde und ich Angst hatte, dass er mit mir bis in seine Box rennen könnte.*«

Kari und Conny fanden Hildegard auf einem Weg in Richtung Strand herumirrend. Conny: »*Meine Mutter hatte eine Gehirnerschütterung und war deshalb völlig desorientiert genau in die falsche Richtung, noch weiter weg vom Hof gelaufen. Außerdem hatte sie eine Rippenserienfraktur. Und das in Kombination mit ihrem Asthma! Sie musste für einige Wochen in die Klinik nach Eutin.*«

Da sich Hildegard selber an nichts erinnerte, können wir nur annehmen, dass Wildfang wieder mal die Beine verloren hatte, sich nach dem Sturz aufrappelte und weglief. Unser damaliger Stallmeister Otto brach sich später bei einem ähnlichen Erlebnis mit ihm die Wirbelsäule an. Ich selber fand mich fünfmal neben dem Pferd auf dem Boden liegend wieder.

Die Familie beschloss, es zur Korrektur bei mir zu lassen und ich habe ein Jahr lang mit allen mir bekannten Mitteln versucht, es für das Gerittenwerden zu begeistern. Wobei – begeistern? Nein, eben nicht. Ich wünsche mir jetzt, ich hätte es so gemacht, aber in Wahrheit arbeitete ich daran, dass Wildfang endlich funktionierte.

Nach unserem fünften Sturz, das war vermutlich 1988, wurde es mir zu riskant und ich erklärte Conny und Hildegard, nichts mehr für Willy – wie er trotz allem zärtlich genannt wurde – tun zu können. Wildfang war mit mir im Wald aus einem ruhigen Trab heraus hingeschlagen und während ich im weichen Laub landete, rutschte er mit so viel Schwung über die Kieselsteine auf dem Weg, dass er aussah, als hätte man ihm das Fell mit einer Drahtbürste abgeschrubbt. Es hing ihm an Kopf, Brust und Vorderbeinen in Fetzen vom Körper. Er blutete. Conny erinnert sich, dass er aussah wie »*massakriert.*« Das war der Schlusspunkt.

Beim vorherigen Sturz war er im Galopp mit der Vorhand eingeknickt und ich hatte aus dem Augenwinkel, schon auf dem Sandweg liegend, gesehen, wie seine Hinterhand hochstieg, als würde er Handstand machen. Dann überschlug er sich! Ich konnte mich gerade noch wegdrehen, da krachte sein locker sechshundert Kilo schwerer Körper genau auf die Stelle, an der ich eben noch gelegen hatte. Mir blieb vor Schreck die Luft weg.

Das Einzige, was ich seinen Besitzerinnen dann noch vorschlagen konnte, war, ihn ein wie im Stall wohnendes Familienmitglied anzusehen. So wie man einen Hund hält. Einfach, um ihn gernzuhaben, aber nicht mehr um ihn zu reiten. Nur unter dieser Bedingung war ich bereit, ihn bei mir zu behalten.

Eine Idee, mit der sie sich tatsächlich anfreundeten. Da sie in Köln ja auch nicht mehr mit ihm weiter wussten, wäre alles andere sein Todesurteil gewesen. Sie entschieden sich für das Pferd (»*Er ist doch unser Willy*«) und nahmen so jeden Leistungsdruck von ihm und mir. Ich konnte dann einfach darüber nachdenken, was man mit einem Pferd, das nicht zu reiten war, so anstellen könnte.

Die Entdeckung der Bodenarbeit

So kam ich wahrscheinlich zum ersten Mal auf die Idee, die heute Bodenarbeit heißt. Ich teilte meine Reithalle, ähnlich wie bei Bettinas ersten Ritten, mit einem rot-weißen Absperrband aus Plastik in zwei gleichgroße Hälften und stellte in jede Hälfte ein Pferd. Das machte es Wildfang schon mal leichter, denn so sehr er auf seine Artgenossen einschlug, so sehr versetzte es ihn in Panik, ohne sie zu sein. Ich brachte dann abwechselnd beide Pferde in Bewegung und immer, wenn der eine rannte, ging ich auf die andere Seite des Bandes und trieb dort den anderen an.

Ich gehe bis heute davon aus, dass Wildfang durch allgemeine Überforderung und durch Schläge so unberechenbar geworden war, dass schon der Griff in sein Halfter zum Abenteuer wurde. Trotzdem musste ich mir nach meinem damaligen Verständnis irgendwie Respekt verschaffen.

Ein von der Hallenaufteilung übrig gebliebenes Stück Flatterband half mir dabei: Ich band es an eine lange Peitsche und wedelte damit. Es knisterte, raschelte, rauschte, es beeindruckte, aber es tat nicht weh. Wildfang machte für seine Verhältnisse sensationell gut mit: Er ließ sich mit der Raschel-Rute in allen Gangarten bewegen und vor allem auf Abstand halten. Das funktionierte ungefähr eine Woche lang. Dann wurden seine Reaktionen wieder aggressiver, er fing an zu drohen und zu schnappen ...

Ich sehe noch vor mir, wie ich nach einer seiner Attacken an dem gespannten Flatterband in der Hallenmitte stand, ihn anguckte und darüber nachdachte, warum er plötzlich nicht mehr mitspielte. War es ihm langweilig geworden? Den Gedanken schob ich schnell wieder beiseite. Ich war mir ja sicher, dass ihn der in Köln geforderte schnelle Wechsel zwischen verschiedenen Lektionen nur verunsichert hatte.

Ich ging jeden meiner Schritte durch: Ich kam in die Bahn und schickte ihn mit meiner selbst gebauten Treibehilfe los. Wenn er lief, wandte ich mich dem anderen Pferd zu. Dafür verließ ich Wildfangs Hallenhälfte und ging auf die andere Seite rüber ... Ich hatte ihn also in Bewegung gesetzt und dann das Feld geräumt ... Rangniedrige Pferde machen ranghohen Platz – dachte er vielleicht, mich vertrieben zu haben?

Ich fing an, ihm das Stehenbleiben in meiner Anwesenheit zu erlauben und ging erst weg, wenn er dort stand, wo ich es wollte. Unter C, in einer bestimmten Ecke, wo auch immer. Ich parkte ihn und ging erst, wenn er dort wirklich zur Ruhe gekommen war. Eine Regel, auf die er sich einlassen konnte. An die drei Jahre machte ich mit diesem Pferd Bodenarbeit. Conny und Hildegard waren in nahezu allen Ferien und an vielen Wochenenden bei uns und als ihr im Stall wohnendes Familienmitglied ungefähr zehn Jahre alt war, hatte ich eine Überraschung für sie: In einer Zeitspanne zwischen ihren Aufenthalten hatte ich doch wieder angefangen, ihn zu reiten. Wie es dazu kam? Nach und nach hatte ich das Flatterband an immer kürzere Gerten, nachher nur noch an Stöckchen gebunden und ihn aus immer geringerer Entfernung damit gestreichelt. Bis ich fast nur noch ein größeres Streichholz mit einem Fitzelchen Flatterband in der Hand hatte. Damit konnte ich ihn erst zum Ausweichen veranlassen, dann abstreichen und irgendwann schob ich ihm mit dem

Stöckchen in der rechten Hand den Kopf beiseite und streichelte ihn mit der linken Hand an der Schulter. Der nächste Schritt war, ihn mit beiden Händen anfassen und überall berühren zu können. Nachdem ich unbesorgt unter seinem Bauch durchkrabbeln konnte, traute ich mich erstmals, ihm wieder einen Sattel aufzulegen. Als ich mich in der Halle wieder einigermaßen sicher auf ihm fühlte, ritt ich ihn im Schritt durch den Wald. Wobei das Wort Reiten für das, was wir machten, zu viel mit Fortbewegung zu tun hat.

Ich bin im Schritt losgeritten und wann immer er stehen bleiben wollte, ließ ich ihn stehen. Für ein paar hundert Meter brauchten wir eineinhalb Stunden. Nie vorher und nie hinterher machte ich so intensive Naturbeobachtungen. Manchmal starrte er eine Viertelstunde in die Gegend und ich ließ ihn gewähren.

Zwischendurch fragte ich mal ganz vorsichtig an, ob er einen Schritt machen könnte. Wenn nicht, war es auch in Ordnung. Ich gab ihm die Zeit, die er brauchte. Als Conny und Hildegard wieder zu uns kamen, konnte ich sie guten Gewissens in seinem Sattel kleine Schrittrunden drehen lassen.

Als mich die Zeitschrift »*CAVALLO*« einige Jahre später um ein Interview über das schwierigste Pferd, das ich je kennengelernt hatte, bat, wusste jeder auf unserem Hof, dass ich von Wildfang erzählen würde. Die Rubrik, in der der Text erschien, hieß »*Mein Härtefall*«. Damals waren wir aber schon so weit, dass Hildegard wieder allein mit ihm ausreiten konnte. Zu der Zeit war sie pensioniert und verbrachte ungefähr drei Monate im Jahr bei uns. Gemeinsam mit einem gleichaltrigen Herrn und dessen Pferd – von beiden wird später noch die Rede sein – gingen Wildfang und sie ins Gelände. Sie ritt auch im Unterricht mit und freute sich einfach daran, dass das Pferd alle Mühen, die es ursprünglich gemacht hatte, mindestens doppelt und dreifach ausglich.

Selbst als Hildegard dement wurde und Conny vernünftigerweise beschloss, das Ausritte für ihre Mutter zu riskant seien, ritt sie ihn weiter. Ich empfahl ihr, sich an die Longe nehmen zu lassen, aber Hildegard war eine starke Persönlichkeit, die es trotz nachlassender Kräfte nicht schätzte, bevormundet oder in ihren Freiheiten eingeschränkt zu werden.

Also ließen wir die Longe weg und ich lief Stunde um Stunde neben Wildfang und ihr her. Bis mir meine Erkenntnisse aus der Bodenarbeit und das auf einen Klopfer am Hals hin angaloppierende Pferd des Preußenkönig wieder einfielen: Zwischen Hildegards Aufenthalten bei uns übte ich, Wildfang mit Reiter auf dem Rücken vom Boden aus fernsteuern zu können.

So lange, bis ich ihn mit akustischen Signalen und Handzeichen durch die ganze Halle bewegen konnte. Zusätzlich lernte er, die Kommandos des Menschen im Sattel zu ignorieren. Was für eine Leistung für ein Pferd!

Vier Monate, bevor Hildegard 1999 starb, verbrachte sie ihren letzten Urlaub bei uns und ist ihren Willy noch jeden Tag geritten: Je weniger Hildegard von ihm verlangte beziehungsweise verlangen konnte, desto gelassener wurde er. Im Umgang mit Menschen und mit Pferden. Bis zu seinem Tod im Herbst 2009 war er der allseits geliebte Seniorchef unserer Schulpferdeherde. Wie gesagt, er war alle Mühen mehr als wert.

KAPITEL 13

Die Skala der Ausbildung

*»Meine acht Stufen sind
Freundschaft, Engagement, Takt, ...«*

Je mehr Erfahrungen ich machte, desto mehr wusste ich den Unterricht bei Paul Stecken zu schätzen. Deshalb schlug ich ja auch Silke ungefähr Mitte der 1980er-Jahren vor, für die Vorbereitung auf ihre Prüfung zum Reitwart nach Münster zu fahren. Dort besuchte ich sie ein paar Tage und durfte unter anderem an einer Theoriestunde, die Stecken abhielt, teilnehmen.

Thema war die Skala der Ausbildung und ich sehe noch einen von Silkes Kurskollegen mit zittrigen Händen vor der Gruppe stehen. Er sollte ein Referat zur zweiten Stufe, zur Losgelassenheit, halten und irgendwie schien das, was er dazu sagte, Stecken nicht zu gefallen. Der junge Mann hatte das Erarbeiten der Losgelassenheit mit dem Lösen einer festen Schraube verglichen. Ein, wie ich damals fand, ganz passendes Bild. Stecken aber zog die Stirn kraus und stellte Zwischenfragen, deren Tonfall Unzufriedenheit ausdrückte: Ihm war der Vergleich zu technisch.

Silke und ich unterhielten uns nach der Stunde darüber und waren damals der Ansicht, dass das Lösen eines Pferdes und das einer Schraube schon irgendwie vergleichbar seien. Vielleicht dachten wir aber auch so, weil es für uns beide eine unangenehme Vorstellung, ein klassisches *»Lieber-nicht-Gefühl«* war, in der Haut des nervösen Referenten stecken zu müssen.

Heute erscheinen mir Vorgaben wie die Skala der Ausbildung zwar als sehr sinnvoll, aber eben auch, und dabei muss ich oft an

Stecken denken, als sehr technisch. Festgezogene Schrauben löst man mit Kraft, vielleicht auch mit Geschick oder mit einem Schmiermittel, aber die Schraube hat keine Meinung, keine Befindlichkeit dazu und deshalb hinkt der Vergleich.

Thron oder Kochtopf?

Laut den Richtlinien der FN besteht die Skala der Ausbildung aus sechs Stufen: Takt, Losgelassenheit, Anlehnung, Schwung, Geraderichten und Versammlung. Um ihr eine tragfähige Basis zu geben und um sie ein bisschen zu enttechnisieren, beginnt meine Interpretation schon zwei Schritte früher: mit Freundschaft und Engagement.

Wenn man die Skala mit dem Bau eines Hauses vergleicht, sind sie für mich das Fundament, auf dem alles andere errichtet wird. Natürlich ist es nicht falsch, mit Takt anzufangen. Aber um dieses Gleichmaß der Bewegung zu erzeugen, sollten Mensch und Tier schon ein sehr feines Zwiegespräch führen können. Als ob sie miteinander flüsternd auf Schatzsuche gingen: behutsam, neugierig, sich im Idealfall gegenseitig an der Hand haltend auf der Suche nach der jeweils nächsten Stufe. Dafür muss man reiterlich aber schon einiges können. Technisch und emphatisch.

Die Basis dafür ist, dass man ein gewisses Vertrauen des Pferdes gewinnen und es mit Unternehmungslust anstecken kann. Deshalb habe ich meine erste Stufe Freundschaft genannt. Sich um die Freundschaft, man könnte auch sagen, um das Vertrauen eines Pferdes zu bewerben, das kann jeder. Dafür brauche ich nicht mehr als die Idee, überhaupt mit einem Tier befreundet sein zu können.

Als ich anfing zu reiten, war mir diese Idee so fern wie meiner Mutter das Stapeln von Goldbarren. Es war für mich die normalste Sache der Welt, ein Pferd zu satteln, aufzusteigen und loszulegen.

Beispielsweise verglichen mit der Bewerbung um eine Tanzpartnerin erscheint mir das heute ungefähr so, als würde ich auf meine Auserwählte zustürmen, ihr kurz das Gesicht streicheln und sie hinter mir her auf die Tanzfläche schleifen. Und falls sie sich sträubt, ziehe ich halt ein bisschen an ihren Haaren. Klare Sache, so stellt man sich den Beginn einer wunderbaren Freundschaft vor.

Es war mir früher nicht klar, dass ein Pferd keine Ahnung davon hat, was es von mir erwarten kann. Von Thron bis Kochtopf sind, auch wenn ein Tier das so natürlich nicht denken kann, alle Optionen offen. Um ihm zumindest das Gefühl zu ersparen, dass mein Ansinnen ein Blutiges sein könnte, setze ich mich heute auf kein Pferd mehr, dem ich mich nicht vorher vom Boden aus vorgestellt habe.

Das Kästchen-Spiel

Man kann sagen, dass Stecken mit seinen Führübungen den Grundstein dafür gelegt hat. Er beinhaltet sowohl die Bewerbung um die Freundschaft des Pferdes als auch seine Anregung zu Engagement. Im Unterricht vergleiche ich es häufig mit dem Stimmen einer Geige oder ich erinnere mich daran, wie der alte Boldt auf das Pferd eines Kursteilnehmers stieg und uns von den ersten Informationen, die er dabei von dem Tier bekam, erzählte.

So ähnlich läuft es für mich auch ab. Mit dem Unterschied, dass ich erst in einen Flugsimulator gehe, also dieses Einstimmen vom Boden aus starte. Meinen Schülern male ich dafür häufig mit der Fußspitze ein Kästchen in den Sand und fordere sie auf, ein frei in der Bahn stehendes Pferd darin zu parken und es am ganzen Körper zu streicheln. Wenn sie sich dann suchend nach einem Halfter umsehen, schiebe ich den Satz »*Ohne es festzuhalten*« nach. Das können Pferde untereinander schließlich auch nicht und ich möchte ja in die

Rolle eines starken Mitpferdes gewählt werden. Pferde suchen sehr genau aus, wem sie ihr Vertrauen schenken. Mein erstes Ziel ist es, überhaupt in die engere Wahl zu kommen.

Das sogenannte Kästchen-Spiel beinhaltet alles, was ich in Bezug auf Pferde können muss: das Treiben und das Einladen in die Pause und in die körperliche Nähe. Wie gesagt, bei Pferden führt derjenige, der dem anderen Raum zuweisen kann. Im Prinzip sind sie ständig auf der Suche nach einem Lebewesen, das die nötige Kompetenz dafür hat. Es verspricht Sicherheit. In dieser Phase versüße ich das Spielen gerne mal mit Leckerlis. Bis die Pferde wissen, dass ich ihnen Sicherheit bieten kann, sind sie – kontrolliert eingesetzt – ein guter Verstärker, man könnte auch sagen Motivator.

Füttern oder nicht füttern?

Ob es praktisch oder unpraktisch ist, ein Pferd aus der Hand zu füttern, habe ich schon unendlich oft mit Schülern und Kollegen diskutiert. Und ich habe meine Meinung dazu auch schon das ein oder andere Mal geändert. Es gab eine Zeit, bestimmt zwei Jahre lang, in der ich ganz ohne Leckerli arbeitete. Das hatte natürlich den Vorteil, dass die Pferde nicht ständig Taschenkontrolle machten. Heute sage ich, dass sogar das etwas aufdringliche Suchen nach Leckerli für mich ok sein kann – wenn ich jederzeit in der Lage bin, es abzustellen. Das ist aber eine individuelle Entscheidung.

Meinen Traminer, der ursprünglich sehr verängstigt war, oft biss und für den die Hand des Menschen vor allem negativ besetzt war, füttere ich beispielsweise gerade mit zunehmender Begeisterung. Als er zu uns kam, ließ er sich überhaupt nicht streicheln und schien Leckerli gar nicht zu mögen. Er presste das Maul einfach fest zu, selbst wenn man ihm eine Möhre direkt unter die Nase hielt. Und wenn er doch mal etwas nahm, dann aus größtmöglicher Distanz, mit spitzen Lippen, jederzeit zum Wegspringen bereit.

Heute stupst er mich immer öfter an und signalisiert: »*Hey Alter, lass doch mal was rüberwachsen.*« Dann steht er ganz dicht bei mir, schnuppert an mir und fühlt sich dabei offensichtlich so sicher, dass er sich auch streicheln lässt. In solchen Momenten muss ich mich zusammennehmen, um ihm vor lauter Freude nicht den gesamten Inhalt meiner meistens gut gefüllten Jackentaschen vor die Hufe zu kippen.

Wenn ich dagegen mit einem Pferd arbeite, das gelernt hat, den Menschen wie einen Punchingball zu behandeln, dessen Wünsche man ignorieren kann, füttere ich teilweise gar nicht. Oder ich halte die um ein Leckerli geschlossene Hand hin und öffne sie erst, wenn sich das Pferd ihr respektvoll und vorsichtig nähert.

Man kann das Erarbeiten meiner ersten beiden Stufen, noch lieber wäre es mir, vom Erspaßen zu sprechen, mit dem Laufenlernen eines Kindes vergleichen: Bevor es sich zum ersten Mal an Mamas oder Papas Hand aufrichtet und den ersten wackeligen Schritt macht, hat es im besten Fall eine vertrauensvolle Beziehung zu seinen Eltern aufgebaut. Und es ist von ihnen zu Engagement, zum Ausprobieren, dazu, Interesse an etwas zu haben, ermutigt worden. Dabei ist jedem klar, dass die Erwachsenen dafür den ersten Schritt machen, mit der Beziehungsarbeit und dem Ermutigen anfangen müssen.

Takt

Nach Freundschaft und Engagement kommt der Takt. Das taktmäßige Reiten ist für mich also die dritte Stufe. Dabei fällt mir immer wieder von Neindorff ein: Er war quasi ein lebendes Metronom (eigentlich ist das ein mechanischer oder elektrischer Taktgeber, der beispielsweise sechzigmal in der Minute anschlägt). Wenn der Takt nicht durch die Walzermusik, zu der wir in seinem Institut meistens ritten, vorgegeben wurde, dann zählte er ihn ein: »*Wir reiten Takt. Eins, zwei, drei, vier. Wir reiten Takt. Eins, zwei, drei, vier* ...«

Einmal heizte ich im Unterricht ziemlich durch seine Halle und merkte genau, dass er versuchte, mich mit der Zählerei quasi einzufangen und wieder ins Gleichmaß zu holen. Irgendwie ritt mich in diesem Moment aber eine gewisse Aufmüpfigkeit und ich traute mich, so zu tun, als sei ich so mit meinem Pferd beschäftigt, dass seine Worte nicht bis zu mir durchdrangen: Er zählte, ich gab weiter Stoff. Er zählte lauter, ich trieb mehr ... Bis er mich direkt ansprach: »*Herr Marlie!!! Wir reiten Takt!!! Eins, zwei, drei, vier.*« Da konnte ich ja nicht mehr anders, als meine kleine Revolte zu beenden.

Ich war einfach genervt, weil er immer nur zwei- oder dreimal zählte und dann wollte, dass wir im Geiste weitermachten. Das habe ich aber nie hinbekommen, wofür Neindorff natürlich nichts konnte. Ich fing beim Selberzählen unweigerlich an, mein Pferd so sehr zu bremsen, dass der Takt scheinbar stimmte. Heute weiß ich, dass Takt über das Treiben erzielt wird und nicht über das Bremsen und ich bin sicher, dass jeder, der in allen Gangarten taktmäßig reiten kann, genug kann, um mit seinem Pferd ein fröhliches Reiterleben zu führen.

Als Beleg für diese These fällt mir ein Herr ein, der mit Nachnamen Rehbock hieß und von seinen Freunden auch so gerufen wurde. Sie sprachen ihn also nicht mit Peter, Thomas oder wie auch immer er mit Vornamen hieß an, sondern sie sagten Rehbock. Dieser Rehbock kaufte sich ungefähr nach der zwölften Reitstunde ein in ziemlich großen Schwierigkeiten steckendes Pferd. Man könnte auch sagen, er ließ es sich andrehen.

Und wenn ich jetzt sage, er kam damit zu uns in den Urlaub, dann klingt das zu einfach. Ich habe nämlich keine Ahnung, wie er es überhaupt zu uns brachte. Denn der braune Wallach, dessen Namen ich leider auch nicht mehr erinnere, explodierte schon, wenn jemandem ein Taschentuch herunterfiel. Egal, ob man ihn aus der Box holte, ihn über den Hof führte oder auf ihm ritt: Die ersten Schritte machte er meistens relativ ruhig, wurde dann aber immer nervöser, fing an, sich zu spannen und ganz schnell reichte besagtes Taschentuch, um eine Explosion auszulösen.

Ich hatte sogar Angst, in seine Box zu gehen, weil er einen dort erst freundlich begrüßte, dann drängelte und schließlich an die Wand zu quetschen versuchte. Rehbocks enormer Vorteil war, dass er trotzdem keine Angst vor ihm hatte. Er zog sogar mal für eine Woche in die Box dieses Pferdes, um es auch nachts beobachten zu können und so seine Beziehung zu ihm zu vertiefen.

Einmal traf ich ihn im Schneidersitz unter dem Bauch seines Pferdes auf der Stallgasse. Er saß einfach da und wickelte ihm Bandagen um. Ich erschrak fürchterlich und fragte: »*Wissen Sie eigentlich, wie gefährlich das ist? Wenn jetzt eine Schwalbe im Tiefflug vorbeikommt und Ihr Pferd erschrickt ... Der köpft Sie doch!*«

Rehbock guckte fragend zu mir hoch: »*Meinen Sie? So habe ich da noch gar nicht darüber nachgedacht. Wissen Sie, ich bin neulich auf einem Stoppelfeld geritten. Dabei bin ich bestimmt zwanzigmal heruntergefallen, aber er ist kein einziges Mal auf mich draufgetreten. Seitdem habe ich unbegrenztes Vertrauen zu ihm.*« Dann wandte er sich wieder den Bandagen zu.

Wir hatten damals eine Gruppe von einheimischen Schülern, die bei uns Musikreiten machte. Unter dem Namen »*Die roten Chaoten*« ritten wir in roten Hemden und schwarzen Hosen viel manierlicher, als der Name vermuten lässt, Figuren und ganze Choreografien. In jedem Fall zu manierlich für Rehbocks Pferd. Dachten wir. Er, Rehbock, saß bei unseren Übungsabenden oft mit sehnsüchtigem Blick auf der Zuschauerbank und seufzte, dass er so etwas ja auch gern mal probieren würde, sein Pferd dafür aber wohl nicht so geeignet sei.

Denn auch unter dem Sattel hatte es eine bemerkenswert gefährliche Kombination aus Buckeln und Schlagen perfektioniert. In der Wand meiner Reithalle, damals gab es dort noch keine Bande, ist bis heute in 1,50 Meter Höhe ein Loch zu besichtigen, dass der Wallach dort hineingedroschen hatte. Wohlgemerkt, mit seinem Reiter im Sattel. Dieses Knallfrosch-Pferd in unserer Gruppe? Lieber nicht.

Andererseits kann ich ja bekanntermaßen nicht Nein sagen und schlug Rehbock deshalb vor, erst mal hinter den anderen herzureiten und zu probieren, zumindest niemandem in die Quere zu kommen. Er strahlte und beim nächsten Musikreiten stand er mit dem gesattelten Pferd in der Halle. Als ich die Musik anschaltete, waren alle Augen auf ihn gerichtet: Es war nur eine Frage der Zeit, wann sein Pferd explodieren und ihn aus dem Sattel katapultieren würde. Oder auch nicht. Der Braune tänzelte zwar ein bisschen, blieb für seine Verhältnisse aber sensationell ruhig und Rehbock konnte den anderen Pferden tatsächlich hinterherreiten.

Es ging überraschend gut und wie immer, wenn ich so etwas erlebe, weckt es meine Neugier: Warum ließ sich dieses explosive Pferd plötzlich so leicht zum vergleichsweise ruhigen Mitmachen anregen? Lag es an der Gesellschaft der anderen, sehr entspannten Pferde? Oder an der Musik?

Am nächsten Tag unterrichtete ich Rehbock allein und suchte extra ein Lied aus, zu dem man leicht im Takt reiten konnte. Wieder gab es zwar Unsicherheiten, aber das Hochschaukeln blieb aus. Hörte das Pferd auf die Musik oder beschwingte sie den Menschen so, dass er seine Hilfen anders gab? Um das herauszufinden, stellte ich das Metronom, nach dem ich manchmal ritt, auf die Bande. Dieses Gerät gibt den Takt so roboterhaft vor, dass sich davon niemand beschwingt fühlen kann: klack, klack, klack …

Ich bat Rehbock wieder auf sein Pferd und es klappte wieder: In ruhigem Schritt und im ganz gleichmäßigem Trab und Galopp bewegten sich die beiden durch die Halle. Die Erklärung dafür hat für mich bis heute Bestand: Durch das Metronom oder – zumindest, wenn man musikalisch ist – mithilfe der Musik hört der Reiter, wann das Pferd aus dem Takt läuft. Vor allem hört er es viel früher, als dass er es fühlt und kann viel feiner darauf reagieren.

So wie ein Jogger mal schnell, mal langsam, mal mit kleinen Schritten, mal mit großen irgendwie rennen oder sich auf ein Tempo, einen Rhythmus, einen Takt einpendeln kann. Aus eigener Joggingerfahrung weiß ich, dass man viel besser läuft, wenn man sein Tempo erst mal gefunden und den Atemrhythmus daran angepasst hat.

Da gilt dann wie beim Reiten: Takt ist das Gleichmaß der Bewegung. Und wer das in allen Gangarten hinbekommt, der kann schon eine ganze Menge.

Ich hatte also festgestellt, dass Rehbocks Pferd aus dem gleichmäßigen Klacken Sicherheit zu ziehen schien. Ging das nur ihm so oder hatte ich ein Instrument gefunden, um aufgeregte Pferde zu entspannen?

Ich probierte es mit einer weiteren Schülerin, Sibylle, und meinem Schulpferd Benito aus: Benito war ein sehr feinnerviger Wallach mit einem hohen Vollblutanteil, der ähnlich wie Rehbocks Pferd leicht in die Luft ging. Bis er das Metronom kennenlernte. Von da an ritt Sibylle nur noch zu klack, klack, klack ... Erst als das Gerät eines Tages nicht am gewohnten Platz auf der Bande stand, beschloss sie, es ohne zu versuchen. Vielleicht nervte sie auch das Geräusch. Wie auch immer, als ich dazukam, riss Benito gerade den Kopf hoch, verdrehte die Augen und kam ins Rennen.

Ich kramte das Metronom hinter der Bande hervor, schaltete es ein und zack, ließ er den Hals fallen. Es war so ähnlich wie bei Rikes

Erfahrung mit Traminer: Etwas Vertrautes gibt Sicherheit. Sibylle erinnert sich: »*Ich bin bestimmt ein halbes Jahr nur nach Metronom geritten, zwei bis drei Mal die Woche. Anfangs habe ich den Takt überhaupt nicht gefunden und wollte schon genervt aufgeben, aber irgendwann hat es auch bei mir klack gemacht und dann funktionierte es plötzlich.*«

Losgelassenheit

Zum Thema Losgelassenheit gaben Silke, Sascha, meine langjährige Schülerin und heutige Kollegin Laura und ich dem Magazin »*FEINE HILFEN*« im Jahr 2014 gemeinsam ein Interview. Dafür saßen wir mit einer Journalistin zusammen und diskutierten beispielsweise den Unterschied zwischen Lockerheit (»*Das ist schwabbeldidu, ein Pferd, das entspannt und zufrieden vor sich hin trabt*«) und Losgelassenheit (»*Schwabbeldidu plus Energie*«). Mir fiel dabei auf, wie groß das Spektrum dessen war, was wir unter Losgelassenheit verstehen. Und das schon zwischen uns vieren, die wir seit Jahrzehnten gemeinsam mit Pferden zu tun hatten.

Sascha hatte seine Prüfung zum Pferdefachwirt vor noch nicht so langer Zeit abgelegt. Er sprach hauptsächlich über das, was Prüfer und Richter seiner Meinung nach unter Losgelassenheit verstehen.

Laura, die auch als Physiotherapeutin für Pferde arbeitet, bezog sich sehr auf biomechanische Vorgänge. Silke, die wie ich bei Paul Stecken lernte, definierte Losgelassenheit als Zustand mentaler und körperlicher Balance und für mich ist ganz klar, dass Losgelassenheit im Kopf des Pferdes beginnen muss.

Alle Antworten, die wir so sammelten, sind natürlich richtig. Aber mir ging einmal mehr auf, wie sehr die Psyche des Pferdes für mich inzwischen der Dreh- und Angelpunkt all meiner Überlegungen und Experimente ist. Vielleicht oder sogar wahrscheinlich, weil ich mich selbst durch »*Lieber-nicht-Filme*« in meinem Kopfkino so leicht aus der Bahn werfen ließ. Pferde brauchen die gedankliche Freiheit, sich auf die Ideen des Reiters einlassen zu können. Natürlich sind auch alle anderen Faktoren relevant, aber für mich ohne eine funktionierende Verständigung, ohne gedankliche Freiheit, ohne Neugier, ohne Aufgeschlossenheit relativ sinnlos.

Wir haben im Zusammenhang mit dem Interview auch über die Stufen diskutiert, zu denen wir gar nicht befragt wurden. Das ergab sich ganz automatisch, weil die einzelnen Schritte, wie auch meine beiden ersten Stufen, ineinander übergehen und Grenzen schwer zu ziehen sind.

Anlehnung

Die dritte, beziehungsweise für mich bereits fünfte Stufe, die Anlehnung, definierten wir damals als das Einverständnis, sich führen zu lassen. Genauso wie es beim Paartanz funktioniert. Besonders schön finde ich in diesem Zusammenhang die Aufgabenverteilung zwischen dem führenden Herren und der geführten Dame: Der Herr hat, zumindest habe ich das mal in einem Zeitungsartikel über lateinamerikanische Tänzen gelesen, nämlich die Aufgabe, die Dame möglichst gut aussehen zu lassen. Dann haben wir überlegt, ob es beim offenen Tanzen eigentlich auch eine Anlehnung, ein Einverständnis sich führen zu lassen, geben kann. Übertragen auf den Umgang mit Pferden wäre das die Bodenarbeit, bei der das Pferd beispielsweise in einem Longierzirkel frei läuft, im Idealfall aber einen Bezug zum Menschen in der Zirkelmitte hat und auf dessen Signale reagiert.

Schwung ist Liebe

Für ein weiteres Interview experimentierten Laura und ich mit einem unserer besonders viel Schwung entwickelnden Pferde, Shaolin. Im Lexikon steht Schwung sowohl für kraftvolle Bewegung als auch für Elan und das Ergebnis unserer Überlegungen war meine Behauptung »*Schwung ist Liebe*«. Liebe, so könnte übrigens auch die erste meiner Stufen heißen. Liebe statt Freundschaft. Laura unterschrieb diese Aussage mit und ergänzte sie um einen Satz dazu, was die Hinterhand für die Schwungentfaltung tun muss.

Schwung ist Liebe – Silke hätte bei so einer Aussage erst geseufzt, dann gelächelt und wieder so und so viele Rosamunde-Pilcher-Punkte vergeben. Das machte sie immer, wenn etwas besonders zu Herzen gehend, man könnte auch sagen, schnulzig war.

Deshalb habe ich auch noch eine ausführlichere Definition anzubieten: Für mich ist Schwung eine aus der gemeinsamen Begeisterung heraus entwickelte Verlängerung der Schwebephase, die eine seelische Verbundenheit zwischen Reiter und Pferd zum Ausdruck bringt. Ich war sehr stolz auf diese Formulierung, aber leider fand die Journalistin, die unsere Versuche mit Shaolin beobachtete, sie als Überschrift für einen Artikel eher unpraktisch. Ich glaube, deshalb bin ich auf die verkürzte Form gekommen: Schwung ist Liebe.

Ich hatte in den vergangenen Jahren ab und zu mal Abteilungen von Unternehmen oder Gruppen von Führungskräften zu Gast und merkte dabei, dass es heute, zumindest in der Theorie, weniger ums Disziplinieren als ums Motivieren geht. Kann man also auch sagen, Personalführung ist Liebe? Selbst wenn das im Alltag niemand so ausdrücken möchte? Vielleicht sagt man besser, es ist der Wunsch, mit anderen Menschen auf Augenhöhe zu tun zu haben?

So sehe ich es heute zumindest im Umgang mit Pferden: Früher reichte es mir, wenn ich sie dazu bekommen habe, das zu tun, was ich von ihnen wollte. Heute möchte ich, dass sie es gern tun. Diese Haltung könnte belegen, dass ich ein echter Tierfreund bin oder aber, und das ist wahrscheinlicher, dass ich klugen Egoismus pflege. Denn natürlich macht es mehr Freude, mit jemandem zusammenzusein, der meine Nähe mag oder zumindest zu schätzen weiß, als mit jemandem, den ich dafür festhalten, knebeln oder einsperren muss. Reiten und der Umgang mit Pferden, Galopp im Gelände oder Schritt an der Longe, die Skala der Ausbildung, Turniere oder das Streicheln einer Pferdenase – im Idealfall ist das alles ein Ausdruck von Lebensfreude. Für Mensch und Tier.

Geraderichten und Versammlung

So kann man die vorletzte Stufe, das Geraderichten, als technischen Vorgang (das Pferd soll sich mit seiner Wirbelsäule beispielsweise der Kreislinie einer Volte anpassen) beschreiben. Wer mal gerade sein will, muss sich also zunächst geschmeidig krumm machen können. Oder man geht es spielerischer an und überlegt sich, dass man aus einer Schokoladenseite zwei machen möchte: Wie Menschen tendieren auch Pferde dazu, sich auf einer Hand besser bewegen zu können als auf der anderen.

Ziel der Stufe Geraderichten ist es, beide Seiten anzugleichen und von dort aus zur Versammlung zu kommen. Versammlung ist Ballett, der Traum von der Schwerelosigkeit. Davon, das Pferd so zu führen, dass es sich in jede gewünschte Richtung bewegen, dass es Gemütszustand, Tempo und Form jederzeit für mich verändern mag. Und da ist er wieder: mein Wunsch zu tanzen. Mit einem Pferd tanzen zu können. Zu meinem Leidwesen hatte sich Klaus Ferdinand Hempfling diesen Titel schon für sein Buch gesichert, als ich ihn mir in den 1990er-Jahren überlegte.

KAPITEL 14

Angstfrei Reiten

»Ich lasse mir doch von der Realität nicht vorschreiben, was ich empfinde.«

Zunächst einmal ist Angst ja eine gute Sache. Quasi wie eine innere Alarmanlage, die vor Gefahr warnt und unsere Überlebenschancen ziemlich stark erhöht. Die Evolution hat das sehr geschickt eingerichtet. Trotzdem habe ich viele Schülerinnen, die bei der Aufzählung dieser Vorteile gequält das Gesicht verziehen und mir erklären, dass sie die Evolution gern ein bisschen weniger geschickt gehabt hätten. Und ich möchte es auch gar nicht wegdiskutieren: Ja, reiten kann sehr, sehr gefährlich sein. Aber Treppensteigen, im Meer baden, zu viel Schokolade essen und Autofahren auch.

Dabei fällt mir ein, dass ich als junger Mann, ich war noch ein ziemlicher Fahranfänger, unter einer Autobahnbrücke durchfuhr, auf der gerade Bauarbeiten im Gange waren. Als mir das schon von Weitem auffiel, habe ich tatsächlich das Lenkrad ein bisschen fester gehalten und mich bei dem Gedanken *»Wird es jetzt wohl scheuen?«* erwischt. Das Auto scheute zum Glück nicht. Aber natürlich kann einem so etwas mit einem Pferd leider passieren.

Horrorvorstellungen

Ich habe eine sehr liebe Schülerin, sie heißt Tina und kommt immer mal wieder aus Hamburg zum Unterricht zu uns. Sie ist in ihrer Jugend viel geritten und hat dieses Hobby ungefähr mit Mitte vierzig

Karis Lieblingsbild und eines meiner Ideale: So meditativ mit dem schnell nervösen Stern durch den Wald zu bummeln – auch das ist Reiten, wie von Zauberhand bewegt.

Unser Reitlehrerteam: Sascha, Laura, Nachwuchskollegin Sarah auf ihrem Lieblingspferd Grace, Carola und Anya. Ursprünglich kamen sie alle als Schüler zu mir.

Alte und neue Erfahrungen kombinieren: Ich wünsche mir, dass Sascha, Anya, Carola und Laura (v. li., ich in der Mitte) von meinen Schultern aus starten, statt dass sie nur in meine Fußstapfen treten.

Laura war acht Jahre alt, als sie beschloss: »*Wenn ich groß bin, mache ich so was wie Wolfgang.*« Tatsächlich studierte sie Pferdekommunikationswissenschaft.

Als Carola noch Maskenbildnerin werden wollte, ritt sie bei uns nach Feierabend die Pferde, die in den größten Schwierigkeiten steckten und unseren Gästen nur Angst gemacht hätten.

Eigentlich wollte Sascha ja nie reiten: Während einer Unterrichtsstunde mit seinen Schwestern setzte Silke den damals ungefähr Achtjährigen für eine Proberunde in den Sattel. Nach dem Schulabschluss kam er als Praktikant zu uns und machte 2010 die Prüfung zum Pferdefachwirt. Hier ist er mit unserem früheren Herdenchef Gaston unterwegs.

Turnstunde mit Sascha und Grace: Pferde sind für jeden Blödsinn zu begeistern, wenn man es ihnen so erklärt, dass sie sich dabei sicher fühlen können.

Als wir Amelie kennenlernten, konnte sie körperliche Nähe kaum ertragen. Nach einigen Jahren des Übens ließ sie sich von Sascha auch dann die Nase kraulen, wenn er zwischen ihren Beinen saß.

Der Umgang mit Pferden – das ist die perfekte Balance zwischen Führung und Hingabe: Sascha mit seiner bisher größten Herausforderung: Amelie in Aktion.

Hier unterstützen Laura und ich unseren Trakehnerwallach Stern gemeinsam. Er wuchs wahrscheinlich ohne Artgenossen auf und hat es bis heute nur bedingt gelernt, sich in einer Herde zurechtzufinden.

»*Don't walk behind me. I might not lead. Don't walk in front of me. I may not follow. Just walk beside me and be my friend.*« Laura und ihre »*weltallerschönste*« Lucia am Strand.

Carolas »*Strauß an Möglichkeiten*«: Bevor sie beruflich umsattelte, absolvierte Carola (re., mit Stammgast Jutta und deren Caesa) Lehr- und Wanderjahre bei verschiedenen Ausbildern.

Schnappschuss bei unserer Art von Morgenarbeit: Carola war jahrelang meine experimentierfreudigste Schülerin. Hier erklärt sie mir, welche Ideen sie für unseren Stern hat.

Schwimmnudeln statt angelegter Ohren: Weil wir mit unseren Ohren wenig Staat machen können, treiben wir unsere Pferde mit allen möglichen Werkzeugen.

Pferde nutzen ihre Zähne zum Treiben und zum Fellkraulen: Hier nimmt Sarah eine Pylone als Zahnersatz. Obwohl sie die Finger ja kaum aus Jackys langer Mähne lassen kann.

Die gute Fee und ihr Einhorn: Nachwuchsreitlehrerin Sarah wohnte schon als Kind in unserer Nachbarschaft. Heute ist sie der gute Geist unseres Stalls und ihre kleinen Schüler behaupten, dass sich unter Jackys üppigem Schopf ein Horn versteckt.

Melanie und Merlin: Seit 2010 gehört er nicht mehr zu meinen Schulpferden, sondern ist einzig und allein ihr »*Liiiebling*« – und das verwöhnteste Pferd meines Hofes.

Melanie und Merlin, unsere Praktikantin Maxi und Magic beim Paarlauf im Gelände: Ich bin mir sicher, dass sich Pferde gern auf Unternehmungen mit Menschen einlassen.

Wie macht man zwei Schimmel weiß? Mit Bürsten und mit Lust und Laune. Wenn sie könnten, würden Pferde Menschen wählen, die sie mit ihrer guten Stimmung anstecken.

Nochmal Maxi auf Magic: Den Trakehner bekam ich 2010 geschenkt. Ein Traumpferd. Er hatte es nicht in den Turniersport geschafft, weil er zu schreckhaft war.

Ich setze mich auf kein Pferd, dem ich nicht unter dem Bauch durchkriechen kann.

Anglo-Araber Karim – das letzte Pferd aus der Herde, die ich von Herrn Schulz erbte.

Kopfkontrolle: Wenn dir ein Pferd seinen Kopf anvertraut, zulässt, dass du ihn festhältst und in alle Richtungen bewegen kannst, vertraut es dir sein Leben an.

Der Barockausbilder Richard Hinrichs sagt, es mache ihm Freude, Pferde zum Strahlen zu bringen. Mir geht es genauso!

Spiel-und Ballettstunde auf der Wippe: Wenn ich mit Shetty Hella arbeite, beobachtet ihre Besitzerin jeden Schritt mit glänzenden Augen. Wie die stolzen Muttis von kleinen Primaballerinen.

Es schmeckt in jeder Lebenslage: Hella bringt gut 170 Kilo auf die Wippe. Muss ich mir auf der anderen Seite Sorgen um mein Gewicht machen?

Erst der Inhalt, dann die Form: Mit dem Ex-Galopper Traminer experimentiere ich am Halsring. Auch mit diesem simplen Hilfsmittel kann man ihn in die Dehnung und in die Versammlung treiben.

Damit Hella Traminer als Handpony beistehen kann, falls beim Ausreiten im Wald mal ein Ast knacken sollte, gewöhnen wir sie daran, miteinander Schritt zu halten.

»*Ich geh mit euch wohin ihr wollt*« … Auch ohne Sattel und Zaumzeug. Strandbummel mit Anya und Lissa zum Sonnenaufgang. Wie von Zauberhand bewegt.

wieder aufgenommen. Allerdings gehört sie zu denjenigen, denen ihre Angst wirklich sehr im Weg ist. Deshalb fragt sie immer wieder nach Garantien, die kein seriöser Reitlehrer dieser Welt geben kann: »*Versprichst du mir, dass das Pferd nicht nach mir schlägt, wenn ich es putze?*« »*Ist es ganz sicher, dass es mich nicht beißt, wenn ich es auftrensen will?*« »*Garantierst du mir, dass es nicht angaloppiert, wenn ich nur Schritt reiten möchte?*«

Meistens bin ich mir sehr sicher, dass ihre Horrorvorstellungen nicht eintreten werden, aber hundertprozentig versprechen kann ich es natürlich nicht. So wie ich nicht versprechen kann, dass sie zu Hause die Treppe heil herunter kommt und die Autofahrt zu unserem Hof unbeschadet übersteht. Niemand kann das. Eine ehemalige Praktikantin von uns hat auf Tinas besorgte bis panische Fragen meistens mit einer Gegenfrage geantwortet: »*Warum sollte das Pferd nach dir schlagen?*« Und dann hat sie ihr erklärt, dass sie jederzeit in der Lage wäre, die Hand aus der Hosentasche zu ziehen und Tina eine Ohrfeige zu verpassen und genauso könne Tina es mit ihr machen. Aber warum sollten sie?

Pferde sind zutiefst harmoniebedürftig, können diese Sehnsucht aber manchmal nicht ausleben, weil sie sich nicht trauen, die Verantwortung für ihre Sicherheit an den Reiter abzugeben. Wer lernt, ein Pferd zu lesen, seine Körpersprache deuten kann, der hält im Zweifelsfalle einfach Abstand. So wie ich einen Menschen, der mir beispielsweise durch knappe Antworten und hektisches Herumgerenne signalisiert, dass er in Eile ist, auch nicht weiter mit Fragen nach dem Wetter nerve. Um ein Pferd lesen und mit ihm kommunizieren zu können, bedarf es, ich sage es noch einmal, einer sorgfältig abgesprochenen Grundkommunikation.

Wie aber hilft man ängstlichen Menschen dabei, diese aufzubauen? Durch das ständige Beteuern, dass schon alles gut gehen wird? Dazu bringt Laura immer einen Spruch, der wohl in den sozialen Netzwerken kursiert: »*Ich lasse mir doch von der Realität nicht vorschreiben, was ich empfinde.*« Wer Angst hat, hat Angst. Egal, wie sehr ich versuche, sie ihm auszureden. Und Angst verhindert das Lernen.

Heutzutage muss kein Mensch mehr reiten und wer mehr Angst als Vergnügen dabei hat, könnte es jederzeit einfach lassen. Und das im Gegensatz zum großen Preußenkönig, ohne dadurch Einschränkungen in seiner Mobilität hinnehmen zu müssen. Aber wenn man es sich so sehr wünscht und nur die Angst einen daran hindert, dann bedeutet Angst vor dem Reiten eine tatsächliche Einschränkung der Lebensqualität.

Kari und ich waren ganz frisch verheiratet, als sie abends eine Spinne in unserem Schlafzimmer entdeckte und mich mit mehreren Ausrufezeichen in der Stimme bat, sie zu entfernen: »*Die! Muss! Da! Weg! Sofort!!*« Meine Antwort habe ich noch heute im Ohr: »*Mit so einem Quatsch fangen wir gar nicht erst an.*« Ich sprach es aus, legte mich ins Bett und der Fall war für mich erledigt. Dachte ich zumindest. Aber Kari weigerte sich fast unter Tränen, das Licht auszumachen, weil sie die Spinne dann ja aus den Augen verlieren würde ... Irgendwann bin ich schimpfend aufgestanden, um die nicht mal besonders große Spinne mit einem Taschentuch einzufangen und auf der Terrasse auszusetzen. Was tut einem schon eine harmlose Spinne? Alles Anstellerei.

Ein paar Monate später machten wir einen Ausflug an die Elbe und fuhren mit einem Fahrstuhl auf einen Aussichtsturm. Als sich die Fahrstuhltür oben öffnete, spazierte Kari auf die Panorama-Plattform, guckte rechts, guckte links und rief mir zu, was sie dort unten irgendwo entdeckt zu haben glaubte. Dabei drehte sie sich zu mir um und sah, dass ich neben der Fahrstuhltür stehen geblieben war. Wie sie später erzählte, lehnte ich mit kalkweißem Gesicht und schwer atmend an einer Wand und hatte das Wort Höhenangst quasi auf die Stirn tätowiert. Ich hatte so eine Panik, ich hätte allenfalls auf dem Bauch an das locker brusthohe Geländer der Aussichtsterrasse heranrobben können. Karis Reaktion war so, dass ich seitdem jede Spinne, möglichst schon bevor sie sie sieht, kommentarlos in den Garten trage: Sie ließ die schöne Aussicht eine schöne Aussicht sein, machte auf dem Absatz kehrt, griff nach meinem Arm und schob mich in den Fahrstuhl zurück.

Es ist schon beschämend, so zu erleben, wie Einfühlungsvermögen funktioniert. Auch oder gerade, wenn es in der Familie bleibt. In jedem Fall war es eines der Schlüsselerlebnisse, die mein Verständnis für die Ängste anderer Menschen enorm steigerten. Angst, ob irrational oder nicht, kann genauso behindern, wie ein nicht vollfunktionsfähiges Körperteil.

Ein echtes Drama

Warum tun wir uns trotzdem so schwer damit, Rücksicht auf sie zu nehmen? Da mir Angst vor dem Reiten oder vor Pferden ähnlich fremd ist wie Panik vor Spinnen, hatte ich früher wenig Verständnis dafür, wenn jemand schon auf dem Weg in den Stall anfing zu zittern. Wenig Verständnis – das ist noch untertrieben. Besonders die vielen Gäste, die mit eigenen Pferden zu uns kamen, diese aber nicht mal vom Hänger in die Box führen konnten, betrachtete ich ziemlich abschätzig.

Heute weiß ich sie sehr zu schätzen. Schon weil ich ja auch möchte, dass meine Höhenangst, die *»Lieber-nicht-Filme«* in meinem Kopfkino und meine sonstigen Macken von anderen respektiert werden. Und natürlich, weil mir unsere Gäste immer wieder die Gelegenheit geben, mit vielen verschiedenen, spannenden Pferden zu arbeiten und dabei unendlich viel zu lernen. Die Ängste meiner Schüler sind für mich inzwischen wie ein Gipsbein: Sie sind eine nicht wegzudiskutierende Einschränkung, die bei der Arbeit zu berücksichtigen ist. Eigentlich ja ganz einfach.

Nachdem es mir so viel Spaß machte, mit Bettina Eistel ausgetretene Pfade zu verlassen und mit einer echten Legitimation (»*Sie kann es nun mal nicht so machen, wie es üblich ist*«) experimentieren zu dürfen, begann ich Angst ähnlich zu betrachten wie eine körperliche Einschränkung.

Am schwersten haben es in der Regel die Leute, die Angst vor ihrem eigenen Pferd haben. Und davon gibt es sehr, sehr viele. Ich habe schon kerngesunde Pferde kennengelernt, die angeblich von irgendeinem Tierarzt »*leider, leider*« als unreitbar abgestempelt worden waren. Dabei suchten die Besitzer nur einen Grund, um endlich nicht mehr reiten zu müssen. Ein echtes Drama!

Ich habe eine einzige Schülerin, die eine wirklich kreative Lösung für dieses Problem fand. Sie erfüllte sich ihren Wunsch nach einem eigenen Pferd so, dass er mit ihrer immer mal wieder aufflackernden Angst vor dem Reiten absolut kompatibel ist: Sie schaffte sich ein Shetlandpony an.

Pferdephobie

Ich erinnere mich an einen Gast, der sich telefonisch bei Kari danach erkundigte, ob wir seine »*Pferdephobie*« heilen könnten. Er war Ingenieur, wollte seinem Dasein aber eine neue Wendung geben und stand kurz vor der Umschulung zum Heilpraktiker. In dieser Phase zwischen altem und neuem Job, zwischen altem und neuem Leben, versuchte er quasi unterwegs mit allem aufzuräumen, was ihn belastete. Er sagte von sich selber, er spüre eine starke Affinität zu Pferden, bekäme aber schon, wenn er beim Joggen an einer Reitergruppe vorbeilaufen solle, Angst. Kari hatte ihm voller Vertrauen in meine Fähigkeit als Mutmacher erklärt, ihr Mann würde das schon hinbekommen.

Der Gast kam für vier Tage zu uns – und ich begann den Unterricht mit einem Blick aus dem Fenster. Wir saßen in unserem Esszimmer, beobachteten den Betrieb auf dem Reitplatz und unterhielten uns darüber, wie wohl er sich an diesem vor Pferden absolut sicheren Ort fühlte. Er war sehr entspannt und mutig genug, nach draußen zu gehen.

Vom oberen Stall aus sah er, dass ein anderer Gast sein Pferd mit Halfter und Strick auf der Wiese hinter dem Reitplatz grasen ließ. Es war locker hundert Meter von uns entfernt, für ihn war es zu nah. Auf meine Frage, was er fürchtete, erklärte er, dass das Pferd sich losreißen und ihn über den Haufen rennen könnte. Ähnlich wie bei Tinas Befürchtungen erschien mir auch dieses Horrorszenario höchst unwahrscheinlich. Aber darauf kam es überhaupt nicht an. Wir entfernten uns von Reitplatz und Wiese und machten einen Spaziergang in den Wald.

Dort verläuft ein Wanderweg parallel zu unserem Grundstück. Man kann die Pferde sehen, ist aber durch Buschwerk und einen Graben von ihnen getrennt. Für meinen Schüler war es genau der Sicherheitsabstand, den er brauchte. Wir wanderten dann in großen Bögen neben und auf unserem Grundstück umher, immer so nah an verschiedene Pferde heran, wie er es eben ertragen konnte. Immer einen kleinen Schritt nach vorn und im Zweifel auch wieder einen zurück – so ähnlich wie Carola es mit unseren Gästen im Gelassenheitstraining übt. So wie man dabei Pferde auf Regenschirme, Flattervorhänge und Sprühflaschen im besten Sinne abstumpft, desensibilisierte ich diesen Schüler. Es klappte, weil er es unbedingt wollte und weil er bereit war, etwas dafür zu tun.

An dieser fehlenden Bereitschaft scheiterte bisher jeder Versuch, Kari von ihrer Spinnenphobie zu befreien. Und wenn ich darüber nachdenke, wie geradezu winzig klein mein Wunsch ist, mich meiner Höhenangst zu stellen, dann kann ich das gut verstehen.

Davon abgesehen, dass ich, wenn sie keine Angst mehr vor Spinnen hätte, die große Helden- und Beschützerrolle verlöre, die ich jetzt immer spiele, wenn sie doch mal vor mir eine Spinne in unserer Wohnung oder auf den Gartenmöbeln entdeckt.

Der Mann mit der Pferdephobie konnte als geheilt entlassen werden: Nach wohl zwei Tagen streichelte er unserer sehr erfahrenen Stute Juniora die Nase. An seinem vierten und letzten Tag saß er tatsächlich in ihrem Sattel. Ein paar Wochen später kam er nochmal vorbei, um sich für meine Hilfe zu bedanken und erzählte mir, er hätte jetzt keine Angst mehr vor großen Tieren. Unabhängig davon, ob sie vier oder zwei Beine hätten.

Amelie und das Spielzeugmännchen

Im Jahr 2002 kam ein wirklich großes Tier mit wirklich großer Angst auf unseren Hof: Amelie hatte ein Stockmaß von 1,74 Metern und wog vermutlich locker siebenhundert Kilo. Eine wuchtige, dunkle Stute, die sich manchmal für einen Hengst zu halten schien und in ihrem Benehmen an einen fehlgeleiteten Halbstarken erinnerte. An so einen, der im Zweifel erst zuschlägt und dann fragt, was denn los sei.

In meiner Reithalle hängen Fotos, auf denen unser gut 1,90 Meter großer Sascha neben der fast senkrecht steigenden Amelie wie ein Spielzeugmännchen wirkt. Daneben hängt ein Bild, auf dem er, ihre Vorderbeine vor seinen Schultern, unter ihrem Bauch hockt und die zu ihm runtergestreckte Pferdenase krault. Gäste fragen immer mal wieder, ob es wirklich ein und dasselbe Pferd sei, mit dem Sascha da zu sehen ist. Ursprünglich gehörte Amelie Carola, beziehungsweise ihrer Freundin Birte. Carola hatte sich damals gerade als Reitlehrerin selbstständig gemacht, als sie Amelie von ihr geschenkt bekam: »*Birte war mit ihr völlig überfordert und fragte mich, ob ich sie haben möchte. Da musste ich erst mal schlucken. Aber nicht, weil ich Angst hatte, sondern weil sie mir ein Pferd mit so traumhaften Anlagen einfach schenken wollte. Als ich ein paar Tage später in ihren Stall kam, um sie abzuholen, hatte Birte sie auf Hochglanz gewienert, ich habe noch nie ein so glänzendes Pferd gesehen. Und sie hatte ihr eine weinrote Schleife um den Hals gebunden. So hat sie sie von ihrem Paddock geführt, mir den Strick in die Hand gedrückt und mich dann umarmt. Dieses schöne Pferd! Für mich! Ich war so gerührt, ich habe Rotz und Wasser geheult.*«

Nach einem halben Jahr bat Carola mich, »*dieses schöne Pferd*« aufzunehmen. In den sechs Monaten dazwischen hatte sie mehr Zeit in die Reparatur von Zäunen als in Amelies Ausbildung investiert: Die Stute riss mit den Vorderbeinen jede Litze ein, auch Elektrozäune konnten sie nicht stoppen. Carola hatte damals gerade eine kleine Tochter bekommen und konnte die Verantwortung für das ständig ausbrechende Pferd unmöglich länger tragen.

Sascha – dessen Herz Amelie bei uns eroberte –, Carola und ich sind uns absolut einig, dass die Stute nicht aus Spaß ständig auf der Flucht war, sondern weil sie mit ihrer Unsicherheit anders nicht umgehen konnte. Pferde lösen ihre Probleme über Bewegung. Wenn sie Angst haben, laufen sie weg. Und Amelie hatte eben fast immer Angst. Egal, was die Realität gerade zu bieten hatte.

Wie groß dabei ihr eigentliches Bedürfnis nach Ruhe war, erlebten wir erst ein paar Jahre später. Als vor allem Sascha dieses völlig verunsicherte Pferd dazu ermutigt hatte, sich von ihm an die Hand nehmen zu lassen.

Erst mal zog sie bei uns ein und es zeigte sich wieder, dass oft die am imposantesten wirkenden Pferde die meiste Unterstützung brauchen. Amelie hatte vor anderen Vierbeinern nämlich mindestens genauso viel Angst wie vor uns Zweibeinern, was wiederum den Pferden und den Menschen Angst machte.

In der Hoffnung, dass ihr ein souveräner Kollege aus unserer Herde Halt geben könnte, brachten wir sie als Erstes mit Domino, einem sehr ruhigen, eher schwerfälligen Wallach zusammen. Leider ging Amelie sofort zum Angriff über und traf ihn mit der Hinterhand so unglücklich an der Kniescheibe, dass sich Domino davon nie wieder ganz erholte. Ein Unfall – und trotzdem erschreckte es uns so, dass wir von weiteren Integrationsbemühungen lieber erst mal Abstand nahmen.

Auch beim Reiten war sie schreckhaft und explosiv. Carola war immerhin so weit mit ihr gekommen, kleine Schrittausritte machen zu können. Wir hatten erst mal Probleme damit, überhaupt ihre Box betreten zu dürfen: Sie hatte es sich nämlich angewöhnt, Menschen mit aufgerissenem Rachen an der Tür zu empfangen. Andere Pferde griff sie an, Menschen attackierte sie ebenfalls – aber allein sein mochte sie auch nicht. Es war ein ähnliches Dilemma wie mit Wildfang und wir lösten es zunächst sehr wenig zufriedenstellend: Amelie verbrachte den allergrößten Teil des Tages, und die Nacht sowieso, in ihrer Box.

Noch bevor Sascha 2003 sein Praktikum bei uns begann, hatte ein anderer junger Mann, Martin, versucht, das Vertrauen und die Freundschaft der Stute zu gewinnen. Damit sie überhaupt draußen sein konnte, übte er, sich in ihrer Nähe aufhalten zu dürfen: Er ließ sich dabei helfen, Amelie aus der Box zu holen, führte sie dann beispielsweise auf den Reitplatz und rückte ihr da, ähnlich wie ich es mit dem Schüler mit der Pferdephobie gemacht hatte, immer ein kleines Stückchen weiter auf den Pelz. Bis er mit ihr relativ gemütlich über den Hof zur Wiese gehen und sie dort in aller Ruhe grasen lassen konnte.

Aus dieser Zeit stammt wohl auch Saschas erster Eindruck von seinem späteren Lieblingspferd: »*Martin saß im Regen unter einem Schirm auf einem Baumstamm und las und Amelie stand neben ihm und graste.*« Als Martins Urlaub bei uns zu Ende ging, wünschte er sich von mir, dass Amelie bis zu seinen nächsten Ferien in die Herde integriert sein sollte. Ich hatte damals noch das Bild des hinkenden Dominos (und die horrende Tierarztrechnung) im Kopf und antwortete ihm, glaube ich, sehr ausweichend.

Gemeinsam mit Sascha fing ich an, Amelie erleben zu lassen, dass der Mensch keine Gefahr darstellt. Wir wissen beide nicht mehr, wie viele Stunden ich Sascha auf ihrem Rücken longierte. Es waren viele und er erinnert sich vor allem daran, dass er mit ihr manchmal wie ein sehr schneller Motorradfahrer in der Kurve lag: »*So, als würde mein inneres Knie im Hallenboden eine Spur hinterlassen.*«

Ich denke heute, dass das Pferd sowohl körperlich als auch psychisch nicht ausbalanciert war. Zusätzlich machte Sascha nach Feierabend Bodenarbeit mit ihr. Anfangs war er, wie vorher Martin, froh, wenn er dabei überhaupt in ihrer Nähe sein durfte, später fing er an, sie zu treiben. Es lief auch dabei so ähnlich ab wie mit Wildfang: Sobald Sascha dazu kam, Amelie Raum zuzuweisen, verstand sie, was er von ihr wollte.

Da ihm auch im Sattel vor nicht viel bange ist, beschloss er irgendwann, sie in unseren Gruppenstunden zu reiten. Fast nur im Schritt außen herum, mit möglichst viel Abstand zu den Artgenossen. So ging es ungefähr drei Jahre lang, bis Amelie selbst dafür sorgte, dass Martins Wunsch in Erfüllung ging und sie in unsere Herde integriert wurde: Ich hatte in der Halle mit ihr gearbeitet und die Tür, durch die wir die Pferde morgens aus dem Stall durch die Reithalle auf den

Paddock treiben, stand offen. Sie marschierte in die Schleuse zwischen Halle und Paddock und die Herde kam sofort angelaufen, um sie zu beschnuppern.

Da packte Amelie wieder ihre Hengstmanieren aus, schlug quiekend mit den Vorderbeinen und riss dabei die Litze runter, die sie von der Herde trennte. Ausbrecherkönigin bleibt eben Ausbrecherkönigin. Nur dass es in diesem Fall ja eher ein Einbruch in den Paddock war und die anderen Pferde sie prompt wie einen Einbrecher behandelten: Sie gingen alle auf sie los.

In dem Moment bewährte es sich, dass wir in der Reitlehrerausbildung teilweise noch danach beurteilt wurden, wie gut wir brüllen konnten: Ich schrie aus Leibeskräften, schmiss eine Longierpeitsche nach den Angreifern und trieb sie so auseinander, von der panisch um sich beißenden und schlagenden Amelie weg.

Mit fliegenden Fingern stellte ich den Zaun notdürftig wieder auf, rannte auf den Paddock, hob die Peitsche auf und fing an, die Herde vor mir herzutreiben. Warum auch immer, Amelie marschierte in meinem Windschatten hinterher. Ob die anderen sie für so stark hielten, dass sie meinten, sie könne sie alle treiben? Keine Ahnung! Jedenfalls war sie von diesem Tag an Teil unserer Herde und begann sich auch im Reitunterricht in Gesellschaft der anderen Pferde wohler zu fühlen.

Im Bocksprung auf die Kruppe

Es wäre nachträglich verklärt zu behaupten, dass das immer alles so glatt ging. Amelie biss auch nach mir und ging wahrscheinlich öfter mit Sascha durch, als ich es überhaupt mitbekam. Als er, noch vor ihrer Integration in die Herde, so weit war, mit ihr allein auszureiten, war sie so lange relativ entspannt, wie ihr kein anderes Pferd über den

Weg lief. Sascha: »*Wenn wir nur von Weitem Reiter gesehen haben, war sie sofort auf der Flucht. Sie fing an zu tänzeln und ist mir fast immer durchgegangen oder schnell wie ein Pfeil rückwärtsgeschossen und dabei manchmal mit dem Hinterteil so richtig mit Schwung gegen Bäume gekracht.*«

Einmal kam es zu einem Zwischenfall, als die beiden schon so vertraut miteinander waren, dass sogar Silke Sascha manchmal um Hilfe bat, wenn sie mit Amelie nicht zurechtkam: Eines morgens, Sascha war gerade dabei, Amelies Box auszumisten, fiel ihm in der Box eine Gabel um und lag mit den Zinken nach oben auf dem Boden. Wir wissen alle, dass man laut Lehrbuch natürlich nicht in einer Box arbeiten sollte, in der ein Pferd steht, aber so war es nun einmal. Amelie erschrak und machte einen Satz nach vorn auf Sascha – und damit auch auf die neben ihm liegende Mistgabel – zu. Da riss er, aus Sorge, sie könnte auf die Zinken treten, beide Arme hoch und versuchte sie rückwärtszudrängen. Zu viel Druck für Amelie! Sie fiel in ihr altes Muster zurück: Angriff ist die beste Verteidigung. Sascha konnte plötzlich ihre hintersten Backenzähne sehen. Er erzählt: »*Sie riss direkt vor meinem Gesicht ihr Maul auf und hat mir mit dem Oberkiefer in die Augenbraue gehackt.*« Eine Ärztin, die gerade bei uns Urlaub machte, klammerte die Wunde. Geblieben ist eine Narbe, eine Amelie-Gedächtnis-Narbe.

Auch dieser Störfall hielt Sascha aber nicht von weiteren Experimenten ab. Es ging ihm vermutlich wie mir, als ich in Warendorf vier Wochen lang in den Springstunden nur Kreise um die Hindernisse ritt, um ein vor jedem Sprung in Panik geratendes Pferd zu therapieren: Es macht Eindruck auf andere und es macht Spaß. Wobei ich jetzt lieber nicht beantworten möchte, was mehr wog.

Sascha begann, Jugendliche des Berufsbildungswerks, die einmal in der Woche zum Reiten zu uns kommen, auf Amelie zu unterrichten. Ganz gezielt suchte er dafür Schüler aus, die möglichst wenig

Ehrgeiz hatten und glücklich damit waren, im Schritt ihre Runden drehen zu dürfen. Amelie zeigte sich dabei, anfangs nur, wenn Sascha dabei war, zufrieden und ausgeglichen. Wie gesagt, es war so ähnlich wie bei Wildfang.

Eines Tages bekam ich mit, dass Gäste sich erzählten, Sascha sei im Bocksprung auf Amelies Kruppe gesprungen. Erst habe ich es nicht geglaubt, dann gefror mir das Blut in den Adern, weil in meinem Kopfkino wieder die Bilder ihres Angriffs auf Domino abliefen – und dann wollte ich unbedingt sehen, ob es stimmte. Sascha führte es mir mit einer Mischung aus Stolz und Unsicherheit vor. Unsicher, weil ich ihn für lebensmüde erklären und derart gefährliche Experimente hätte verbieten können. Aber er war und ist mein erster Mitarbeiter, bei dessen Einstellung ich mir vorgenommen hatte, ihn niemals zu kritisieren, sondern immer nur zu ermutigen.

Also ließ ich mir erklären, wie er Amelie für die Idee, raubtiergleich auf ihren Rücken zu springen, gewinnen konnte: *»Es ging natürlich nicht von jetzt auf gleich. Erst musste sie mir erlauben, hinter ihr zu stehen und sie zu streicheln. Ich habe mich dann an sie angelehnt, immer mit ein bisschen mehr Gewicht und irgendwann habe ich meine Hände auf ihre Kruppe gelegt und Druck aufgebaut. Bis sie den Druck aushalten konnte, ohne wegzulaufen. Dann habe ich mich langsam hochgedrückt, immer ein bisschen mehr. So ging es weiter, bis ich Anlauf nehmen und auf sie draufspringen durfte. Ich habe früher Fußball gespielt und war ein guter Torwart, weil ich so weit und so hoch springen kann.«*

Sascha erzählt das heute sehr locker. Ich bin mir aber sicher, dass er auch so manchen Sprung ins Nichts gemacht hat und dabei vermutlich ordentlich hingeflogen ist. Einfach, weil Amelie ja nirgendwo angebunden war, sondern jederzeit gehen konnte. Und das hat sie bestimmt auch manchmal getan. Solche Versuche mit einem angebundenen Pferd zu machen, wäre noch verrückter. Von hinten angesprungen zu werden und nicht fliehen zu können – da ist die Panik vorprogrammiert. Ich rate von beiden Varianten dringend ab! Trotzdem war ich von Saschas Arbeit wirklich beeindruckt – und in meiner Idee bestärkt, dass sich auch das stärkste Pferd nach jemandem sehnt, dem es sich anvertrauen kann.

KAPITEL 15

Unterricht auf Augenhöhe

»Ich möchte in jeder Stunde so viel lernen wie meine Schüler.«

Als Computer vom Großteil der Bevölkerung noch als neumodischer Kram abgetan wurden, war ein Lehrer bei uns zu Gast, der erzählte, dass in seiner Schule zwanzig dieser Kisten angeschafft worden seien, leider aber in einer Abstellkammer verstaubten. Der Grund: Im ganzen Kollegium gab es niemanden, der sich mit Computern auskannte. Es gab niemanden, der sich damit auskannte …

Da Kari mir bis heute jede für mich bestimmte E-Mail ausdruckt, habe ich zu dieser Geschichte erst mit dem Kopf genickt und etwas wie *»Schade ums Geld«* gesagt. Und im zweiten Moment habe ich mich gefragt, ob genau diese Situation nicht der Anfang jeder Entwicklung ist? Damals hatte ich schon öfter Schüler wie Bettina Eistel und Pferde wie ihren Gershwin oder Connys Wildfang erlebt: Menschen und Tiere, mit denen ich mich nicht auskannte, mit meinem Latein am Ende war und nicht wusste, wie ich ihnen etwas beibringen sollte. Einfach weil die Ausgangslage anders war als gewöhnlich.

Es ist vielleicht ein bisschen naiv, aber könnte so ein Raum voller Computer bei Lehrern und Schülern nach der ersten Ratlosigkeit nicht auch einen ganz großen Wunsch auslösen? Etwas in der Art von: *»Wir müssen unbedingt rausfinden, wie das geht«*? So, dass man den Staub von den Kartons pustet, auspackt, aufbaut, probiert, welches Kabel wo hin gehört, Handbücher wälzt, vielleicht einen Systemabsturz nach dem anderen produziert … und dabei gleich mehrfach die Schulglocke überhört.

Neugier statt Versagensangst

Ich dachte immer wieder darüber nach, wie ich meinen Unterricht verändern, ihn für meine Schüler, die Pferde und für mich leichter, weicher, fröhlicher machen könnte. Stunden, in denen die Neugier dominiert und nicht die Versagensangst. Schließlich kommen die Gäste in den Ferien zu mir! In einer Zeit, die für Entspannung gedacht ist. Und Pferde kennen von Haus aus sowieso keinen Leistungsgedanken.

Warum liefen meine Stunden trotzdem immer wieder auf die Frage hinaus, was wir geschafft haben, wie viel gelernt und welcher Erfolg erreicht wurde? Wahrscheinlich, weil ich es so gelernt hatte. Und Lehrer lernen, dass sie das an ihre Schüler weitergeben, was sie selber schon können. Auch wenn gemeinsames Erarbeiten, Ausprobieren, auch mal kräftig Danebenhauen vielleicht viel mehr Spaß machen würde. Zumindest, wenn man endlich damit leben könnte, dass niemand perfekt ist, keiner die Weisheit gepachtet hat und dass es auch für einen Lehrer völlig in Ordnung ist, etwas nicht zu wissen oder falsch zu machen. Fehler gehören schließlich dazu. Und so lange niemand zu Schaden kommt, sind sie eben nur der Beweis, dass noch etwas fehlt.

Bei den Computern hätte man vielleicht mal einen Stromausfall herbeigeführt oder es wäre ein Gerät kaputtgegangen. Na und? Das ist ungefährlich und im Dienste der Wissenschaft zu vernachlässigen. Diese Geschichte, von der ich wie gesagt nur aus zweiter Hand hörte, war für mich einschneidend: Ich stellte mir vor, welchen Spaß es machen könnte, mit Schülern eine Interessengemeinschaft zu bilden, gemeinsam Dinge herauszufinden, von denen ich auch als Lehrer (noch) nichts wusste. Etwa wie man eine Reiterin ohne Arme unterstützt. Oder wie man jemandem in den Sattel hilft, dessen panische Angst ihm dabei sehr im Wege steht. Oder was man mit einem Pferd anfängt, dass keinen Reiter auf seinem Rücken duldet. Oder, oder, oder ... Ich verstehe meinen Job so, dass ich dafür zuständig bin, die Schüler zu ermutigen, genau das herauszufinden.

Ich glaube inzwischen, dass ich von jedem meiner Schüler etwas lernen kann. Oft sind es sogar die, die am wenigsten über Pferde wissen, die mir das meiste beibringen. Beispielsweise, dass fast alles möglich ist, wenn man unerschütterlich an sich und an sein Pferd glaubt. Und – ja, jetzt kommt eine Einschränkung – wenn man Freude daran hat, an sich zu arbeiten.

Wie ein Schiffsmast im Sturm

Das wahrscheinlich beste Beispiel dafür ist ein damals siebenundsechzig Jahre alter Herr, dem sein Arzt das Reiten verboten hatte: Eines Tages, es muss in den 1980er-Jahren gewesen sein, rollte sein dickes Auto auf unseren Hof. Vom Fahrersitz kletterte Georg von Soundso, ein zierlicher, weißhaariger Mann, bei dem, ähnlich wie bei von Neindorff und Dr. Udo, das »von« in seinem Namen eine Verpflichtung zu sein schien. Vielleicht kam mir das aber auch nur so vor, weil ich von meiner Mutter gelernt hatte, bei einem Gast mit »*von*« im Namen, oder gar mit einem Doktortitel, die Mütze besonders schnell zum Gruß zu ziehen und die damals noch übliche angedeutete Verbeugung etwas tiefer zu machen.

Georg jedenfalls war Unternehmer in der Textilindustrie und saß zusätzlich in irgendwelchen Aufsichtsräten. Er erschien immer in Reithose, Lederstiefeln und Jackett, wünschte stets den Chef zu sprechen und hatte eine Frau, die Gattin genannt wurde. Wie drückte Silke es so schön aus? Wahrscheinlich war diese Gattin meistens damit beschäftigte, Schnittchen für ihren Mann und dessen Geschäftsfreunde herrichten zu lassen.

Diese Beschreibung meine ich überhaupt nicht negativ. Sie ist vielmehr die Erklärung dafür, dass ich mich damals nicht so recht traute, ihm einen Wunsch abzuschlagen. Obwohl ich das wirklich zu gern getan hätte.

Erfolgreiche Geschäftsleute seines Schlags sind es nach meiner Erfahrung gewöhnt, dass die Dinge so laufen, wie sie es sich vorstellen. Bevor Georgs aufsehenerregendes Auto bei uns vorfuhr, hatte er in zwei anderen Ställen versucht, das Reiten zu lernen, war dort aber, wie er sagte, nicht zurechtgekommen.

Silke war die Erste, die bei uns herausfand, woran das gelegen haben könnte. Sie gab ihm die erste Stunde – und lehnte es hinterher ab, die Verantwortung für weitere zu übernehmen. Georg hatte sein bisheriges Leben hinter großen Schreibtischen verbracht und sich dabei, wahrscheinlich weil er so klein war und zusätzlich an einem Wirbelsäulenschaden litt, eine sehr aufrechte Haltung angewöhnt. Kurz gesagt, er bewegte sich, als hätte er einen Spazierstock verschluckt, und Silke fürchtete, dass dieser Stock bei einem Sturz vom Pferd einfach in der Mitte durchbrechen könnte. Georgs Arzt sah das wohl ähnlich und hatte ihm das Reiten, wie gesagt, verboten.

Erschwerend kam hinzu, dass er von weniger gut betuchten Freunden ein Pferd zur Verfügung gestellt bekommen hatte. Aus meiner Sicht wollten oder mussten sie einfach einen Kostenverursacher weniger auf ihrem Hof haben – ob er zu seinem angehenden Reiter passte oder nicht. Rex, ein grobknochiger Trakehnerschimmel, war nämlich in allem das genaue Gegenteil von Georg: sehr groß, sehr jung, erst fünf Jahre alt, wenig ausbalanciert und nahezu ohne jegliche Erziehung.

Nach Silkes Nein übernahm ich es, aus den beiden ein Team zu formen und auch ich wünschte mir ziemlich schnell, aus der Nummer irgendwie wieder herauszukommen. Aber wie gesagt, ich traute mich nicht, der Dritte zu sein, der ihm seinen seit Kindheit gehegten Reitwunsch abschlug. Ich sehe noch vor mir, wie Georg mit dem von wem auch immer gesattelten Pferd zu mir auf den Reitplatz kam. Genauer gesagt, Rex kam mit ihm. Der Schimmel drängelte ihn auf der vielleicht hundert Meter langen Strecke zwischen unserem unteren Stall und dem Platz alle paar Schritte zur Seite, um am Wegesrand Grashalme abzuzupfen. Jedes Mal zerrte Georg seinen Kopf am Zügel wieder hoch, stemmte sich gegen die Schulter des riesigen Pferdes und versuchte, zwischen ihm und dem Grün zu gehen. Rex hielt erst gegen, nahm dann für zwei, drei Schritte den Kopf hoch und immer wenn man dachte, jetzt geht er mit ihm mit, bog das Pferd den Hals wieder an ihm vorbei und schob das Maul ins Gras. Dabei trat er seinem Noch-nicht-Reiter auch mal auf die Füße oder blieb mit den Gebissringen an den lederbezogenen Knöpfen von dessen Jackett hängen. Ich meine, ich habe dem schon leicht schwitzenden Georg das Pferd abgenommen und es wahrscheinlich mit ein, zwei Klapsen mit der Gerte darüber informiert, dass jetzt vorwärtsgegangen wird.

Heute würde ich mir für all das viel mehr Zeit nehmen und den Unterricht schon in der Box beginnen. So lange, bis wir das Pferd dort einen Schritt vorwärts, zwei zurück, zwei vorwärts und so weiter bewegen können. Damals half ich Georg ohne weitere Umstände in den Sattel. Er hatte Reitunterricht bestellt und das allein reichte als Grund dafür, mit diesem auch unmittelbar zu beginnen. Unabhängig davon, wie wenig der Reiter sonst von Pferden, ihrem Wesen und ihren Bedürfnissen verstand.

Im Verhältnis zu seinem Rex war Georg so klein, dass er sich die Bügel zum Aufsteigen selbst dann noch länger machen musste, wenn er auf einem der Feldsteine stand, die wir als Aufstiegshilfen auf unserem Hof verteilt hatten. Einmal auf dem Pferderücken angekommen, muss die Qual für ihn eigentlich erst so richtig angefangen haben. Er war mit Rex' zwar raumgreifenden, aber sehr ungleichmäßigen Schritten völlig überfordert: Obwohl er sich mit den Zügeln in der Hand an der Mähne festkrallte, schwankte sein vorgebeugter Oberkörper wie ein Schiffsmast im Sturm. Oder eben wie ein Spazierstock. Auch ich fürchtete, dass er sich bei einem Sturz alle Knochen brechen würde. Wenn das Pferd ihn nicht schon vorher einfach umrannte. Was mir das Durchhalten ein bisschen erleichterte, war Georgs anrührende Freude darüber, endlich auf einem Pferd zu sitzen, endlich Reiter sein zu dürfen.

Zu große Gefühlsausbrüche verbot ihm wohl seine preußische Erziehung, aber egal, wie krumm und schief er auf Rex hockte – er strahlte genauso wie ich es wahrscheinlich als Vierjähriger getan hatte. Schon in Erinnerung daran wollte ich ihm jede Abwertung seiner Leistung ersparen und ließ ihn gebetsmühlenartig die immer gleichen Balanceübungen an der Longe wiederholen.

»Diese Ehe ist geschlossen.«

Ungefähr nach seiner fünften Stunde rief er mich abends an und es war ihm anzumerken, dass er etwas zu feiern hatte. Mit ein paar Kieksern in der Stimme fragte er: »*Wissen Sie, was ich gerade gemacht habe? Ich habe Rex gekauft.*« Er kicherte wie ein verliebter Teenager: »*Ich habe ihn einfach gekauft. So ruckzuck, wissen Sie?*«

Ich wusste vor allem, was jetzt auf mich zukam: Mein ahnungsloser Schüler war noch fester, geradezu untrennbar an dieses ungeschickte Pferd gebunden. Am Vortag erst war Georg völlig aufgebracht zu mir gekommen und wollte wissen, wo Rex plötzlich Narben an allen vier Beinen her hätte ... Er meinte die Kastanien.

Ich hatte vorher schon den einen oder anderen Versuch unternommen, ihn auf eines meiner zuverlässigsten Schulpferde umzulenken. Auf eines mit gleichmäßigen Bewegungen und einem sofakissenweichen Trab. Aber entweder wollte oder konnte er meine vorsichtigen Andeutungen nicht verstehen.

Obwohl meine Chancen jetzt, wo ihm das Pferd offiziell gehörte, noch weiter gesunken waren, suchte ich eine Gelegenheit, mit ihm darüber zu sprechen. Schließlich sah es sehr danach aus, dass Rex Georgs erstes und einziges Pferd bleiben würde und ich fand, beide hätten Besseres verdient, als sich aneinander abzuarbeiten.

Eines Abends war Georg mit einigen anderen Gästen in unserer Kellerbar eingekehrt und nach ein paar Bierchen fasste ich mir ein Herz und sagte: »*Ich würde Ihnen das Reitenlernen so gern erleichtern und frage mich immer wieder, ob für Sie, bei Ihren Möglichkeiten, nicht ein anderes, ein erfahreneres Pferd ...*« Weiter kam ich gar nicht. Vor Georgs Gesicht schien ein Rollladen runterzurauschen. Er hob die rechte Hand, wie ein Verkehrspolizist, wenn er ein Auto anhält und rief: »*Stopp! Davon will ich nichts mehr hören! Diese Ehe ist geschlossen!*« Dann trank er sein Glas in einem Zug aus und wandte sich einem anderen Gesprächspartner zu.

Talent oder Fleiß?

Rex stand fünf Jahre bei uns und es ist schwer zu sagen, wer in dieser Zeit mehr lernte: das Pferd, sein Reiter oder ich. Denn Georg hielt sich mit einer Genauigkeit an jede Regel, die ich erklärte, an jeden Tipp, den ich ihm gab, dass es mich bis heute beeindruckt. Darauf angesprochen erklärte er mir: »*Meine Eltern haben mir beigebracht, dass der, der mal befehlen will, zuerst gehorchen lernen muss. Und daran halte ich mich.*«

Wenn man Talent auf einer Skala zwischen 1 und 9 misst und wenn es stimmt, dass der Fleiß die Null dahinter ist, dann kam Georg auf eine 10. Anders ausgedrückt: Egal, wie langsam jemand läuft (oder reitet), er schlägt alle, die sich gar nicht erst von ihrer Couch wegbewegen. Egal, wie viel Talent sie haben. Dazu gehörte, dass er sehr ausdauernd, beim Militär nannte man das wohl damals noch zäh, gewesen ist und nie darüber lamentierte, wenn etwas nicht funktionierte.

Beispielsweise bei seinem ersten Sprung über ein Cavaletti verlor er einen Steigbügel und verdrehte sich das Bein. Das hat er mir aber erst erzählt, als die Schmerzen abgeklungen waren. In der Zwischenzeit erschien er selbstverständlich jeden Tag zum Unterricht und ließ sich rein gar nichts anmerken.

Ich sage nicht, dass man sich daran ein Vorbild nehmen sollte, aber mit dieser Einstellung und mit der Möglichkeit, sich über Jahre nahezu täglich Unterricht leisten zu können, wurde aus dem talentfreien Schüler und seinem völlig unpassenden Pferd tatsächlich ein Team. Im Nachhinein wundere ich mich, dass ich daran überhaupt gezweifelt habe. Denn dass Georg unerschütterlich dafür sorgte, dass die Dinge so liefen, wie er es sich wünschte, hatte ich ja ziemlich schnell begriffen.

Als ich die beiden zum ersten Mal allein über ein Stoppelfeld galoppieren sah, habe ich mir geschworen, nie wieder die Arroganz zu besitzen, jemandem ein Pferd ausreden zu wollen. Natürlich hätte der inzwischen gut siebzig Jahre alte Georg bei Stilprüfungen keinen Blumentopf gewonnen und natürlich lief Rex nicht so, wie es in Reitlehren gefordert wird. Aber was machte das schon? Irgendwann, als ich ihn auf seinen Ausritten noch begleitete, ist es dann auch mal passiert: In einer Kurve verlor Georg die Bügel und stürzte aus dem Sattel. Aber er landete tatsächlich wie eine Katze auf den Füßen. Er fiel vom Pferd und mir fiel ein Stein vom Herzen: Der virtuelle Spazierstock in seinem Oberkörper hielt. Die Horrorvorstellung von Silke und mir wurde nicht real, er war geschmeidiger als wir dachten.

Als ich ihm sehr guten Gewissens vorschlug, die ersten Ausritte allein zu unternehmen, konnte er in allen Gangarten mit seinem Rex kommunizieren. Wenn er dabei zu sehr ins Schwanken geriet, wurde das Pferd langsamer und wenn Georg dann durchparierte, sich im Sattel sortierte und ihm den Hals klopfte, drehte es seinen wuchtigen Schädel in Richtung Reiter und wartete, bis dieser ein Leckerli aus seiner Sakkotasche gefischt hatte. Welche Rolle spielte es da, wie gerade Georg saß?

Ich bin nicht sicher, ob sich beispielsweise die Trainer von Olympiasiegern so intensiv über den Erfolg ihrer Schützlinge freuen können, wie ich mich mit Georg über seinen ersten Galopp auf dem Stoppelfeld freute.

Nach fünf Jahren bei uns suchte sich Georg einen Stall mit größerem Ausreitgelände drumherum. Als er um die siebenundachtzig Jahre alt war, starb sein Rex. Georg kam damals, wieder mit irgendeinem spektakulären Auto, auf unseren Hof, um mir davon zu berichten und um sich *»für zwanzig Jahre wunderbaren Reitens«* zu bedanken. Wie gut, dass ich mich aus der Nummer nicht rausgetraut hatte.

Menschen wie er, wie die Springreiterin aus dem Iran und vor allem Bettina haben mich dafür sensibilisiert, dass nichts unmöglich ist. Und sie haben mir Mut gemacht, man könnte auch sagen, sie haben mir die Erlaubnis gegeben, bekannte Pfade zu verlassen. Obrigkeitsgläubig wie ich bin (oder kann ich mich trauen zu schreiben, wie ich war?), brauchte ich dafür immer mal wieder Außeneinflüsse. Wie gesagt, gerade durch Bettinas Besonderheit konnte ich meine Experimentierfreude vor mir selber und vor den kritischen Blicken irgendwelcher Zuschauer viel besser vertreten.

Dazu passt eine Behauptung, die eine meiner ehemaligen Schülerinnen aufstellte: Sie hatte gleich mit mehreren massiven gesundheitlichen Schwierigkeiten zu kämpfen und antwortete auf meine

Frage, wie sie mit den daraus entstehenden Einschränkungen zurechtkäme, dass es kein Problem gäbe, für das man im Kopf keine Lösung finden könne. Sie ist blind, hat Glasknochen und weitere Handicaps mehr und sagt: »*Es gibt kein Problem, für das man im Kopf keine Lösung finden kann.*« Auch so eine Situation, in der ich von jemandem, der eigentlich als mein Schüler zu uns gekommen war, unglaublich viel gelernt habe.

Und das gilt nicht nur für meine Schüler, sondern natürlich auch für unsere Mitarbeiter: Von unserer Sarah beispielsweise lernte ich, dass man morgens um sechs Uhr nicht einfach stillschweigend Futter in Krippen kippen, sondern dass man Pellets und Hafer mit einem Lächeln servieren kann. Wenn ich früh morgens reiten gehe, beobachte ich manchmal, wie sie, noch bevor sie mich bemerkt, mit den Pferden spricht und nach dem Füttern nicht einfach nur die Boxentüren aufreißt und die ganze Herde durch den Stall und die Reithalle auf den dahinterliegenden Paddock treibt, sondern wie sie ihre Arbeit zelebriert.

Da wo ich »*Los jetzt! Raus hier*« denken und entsprechend bollerig auftreten würde, zieht sie, ein paar nette Worte säuselnd, die Türen auf. Dann streichelt sie jedem ihrer Schützlinge über den Hals und bittet ihn auf die Stallgasse. Es fehlt eigentlich nur noch, dass sie die Pferde fragt, wie sie denn geschlafen hätten. Wobei ich von meinem Beobachtungsposten am Stallfenster nicht genau verstehen kann, ob sie das nicht sogar tut. Unabhängig davon zeigt sie mir so immer wieder, dass man auch in aller Frühe, sogar wenn es regnet oder im Winter wirklich sehr kalt ist, gute Laune haben und die Pferde mit Ruhe und Freundlichkeit anstecken kann.

Ein anderes Beispiel ist Anya, die schon während ihrer Ausbildung zur Pferdewirtin und später zur Meisterin meine Schülerin war und seit 2015 offiziell zu unserem Team gehört: Wenn ein Gast ihr erklärt, dass er, obwohl es aus unserer Sicht noch an der Balance dafür fehlt, Galoppieren üben möchte, sagt sie nicht: »*Das geht nicht*« oder gar »*Das kannst du nicht*«, sondern sie antwortet: »*Ok, lass uns überlegen, was wir dafür üben sollten.*« Darauf angesprochen erklärte sie mir, dass sie ja niemandem etwas wegnehmen wolle. Auch nicht die Idee zu galoppieren, auszureiten oder in Seitengängen durchs Viereck zu schweben. Dafür bietet sie ein realistisches, für Pferd und Reiter förderliches Programm an. Und sei es, dass im Schritt die ruhige Zügelführung, die ja auch für den Galopp nötig ist, geübt wird.

Sie hat damit die Idee unseres Stammgastes und Freundes Gerd in den Unterrichtsalltag importiert: Gerd war niedergelassener Facharzt und hatte seinen Mitarbeitern den Auftrag gegeben, keinem Patienten jemals mit Nein zu antworten. Selbst wenn jemand in die Praxis stürme und sofort den Chef zu sprechen verlange, dieser aber vielleicht gerade im OP stehe, gäbe es immer eine positive Antwort. Und sei es: »*Das kann ich verstehen. In zwei Stunden ist der Doktor mit der Operation fertig. Kann Ihnen auch ein anderer Kollege weiterhelfen oder möchten Sie warten?*« Ich finde diese Idee großartig und versuche sie vor allem dann anzuwenden, wenn jemand eine Beschwerde vorträgt. Denn wer sich beschwert, ist ja selber gerade nicht glücklich. Was nützt es da, wenn ich mit Ärger, nämlich Ärger über seine Klage, antworte?

KAPITEL 16

Wie von Zauberhand bewegt

*»Das ist gegenseitige Ermutigung, das ist
der Zuckerguss auf meinem Reiterleben.«*

Als ich anfing zu reiten, las ich Reitlehren noch von Anfang bis Ende. Irgendwann knöpfte ich mir das letzte Kapitel zuerst vor, danach das vorletzte und noch ein paar Reiterjahre später las ich einzig und allein den Schluss. Ich wollte einfach nur wissen, welche Knöpfe ich am Automaten drücken musste, damit unten ein versammeltes Pferd rauskam. Damals hätte ich mir unter Pferden, wie von Zauberhand bewegt, beispielsweise Dressurcracks in der Kür vorgestellt. Tier-Mensch-Paare, die in anspruchsvollsten Lektionen durchs Viereck schweben, beim Passagieren keinen Bodenkontakt zu haben scheinen und so weiter. Und tatsächlich kann es für mich auch heute noch so aussehen. Es kann so aussehen, muss es aber nicht.

Im Herbst 2012 bekam ich einen Anruf von Inge Vogel, die mit ihrem Mann Thomas die Firma »*pferdia tv*« betreibt. Sie produzieren Filme mit teilweise weltbekannten Größen unserer Branche (zum Glück wurde mir das erst richtig klar, als ich in ihrem Studio stand und las, wer sich dort an ihrer Autogrammwand schon alles verewigt hat). Sie rief mich an, um mir ein gemeinsames Projekt, eine DVD über meine Arbeit, vorzuschlagen. Mein erster Gedanke war – natürlich – lieber nicht. Dann überlegte ich kurz, ob die Käufer dieses Films es wohl auch so machen wie ich früher, und nur den Schluss ansehen würden? Ein Film, bewegte Bilder ... Vielleicht konnte ich mein Anliegen, all das, was ich von meinen Schülern, meinen Lehrern und aus meinen eigenen Fehlern gelernt hatte, damit noch besser rüberbringen? In solchen Momenten, wenn meiner Arbeit besonderes Interesse entgegengebracht wird, erlebe ich es meistens so, dass Kari sich viel mehr darüber freut als ich. Sie freut sich im wahrsten Sinne des Wortes für mich mit. Wahrscheinlich weil die jahrelange Ablehnung, die Beschwerdebriefe über den Unterricht und die ausbleibenden Gäste für sie noch viel schlimmer waren als für mich.

Kari hatte nur die unbezahlten Rechnungen

Damals, ungefähr Ende der 1970er-Jahre, begann ein Prozess, ich machte mich auf den Weg zu einem anderen Verständnis für Pferde. Dabei war ich im tiefsten Inneren immer überzeugt, dass ich irgendwann finden würde, wonach ich suchte. Schon die ersten Experimente mit der schönohrigen Waldensa waren für mich so elektrisierend, ich konnte mir nicht vorstellen, dass andere Leute davon nicht auch begeistert sein könnten. Wenn ich es nur schaffen würde, ihnen meine Ansätze nah zu bringen, ohne sie damit zu erschrecken.

Kari steckte viel mehr als ich im Hier und Jetzt und mit meinen Hoffnungen konnte sie beim Einkaufen nicht bezahlen. Ich hatte meine Euphorie, sie hatte die Rechnungen und beim Frühstücksservice die Gespräche der Gäste, die sich ungeniert darüber unterhielten, bei welchen »*vernünftigen Trainern*« sie künftig ihre Reiterferien verbringen könnten.

Dass Kari sich über das Filmangebot freute und dafür war, sich ins Abenteuer zu stürzen, lag also auf der Hand. Und mein Team? Das war auch begeistert. Im Winter 2012/2013 trafen wir uns mehrfach vor dem Fernseher und guckten gemeinsam das Anschauungsmaterial an, das Vogels geschickt hatten: Filme mit Uta Gräf, Ingrid Klimke, Philippe Karl …

Herrschte dabei anfangs andächtige Stille, wurden die Gespräche in unserem Wohnzimmer im Laufe des Abends immer lauter. Bis der Fernseher nur noch das Hintergrundrauschen lieferte und wir schon mitten in die Diskussion darüber verstrickt waren, was wir vor der Kamera zeigen könnten. Irgendwie war mein »*Lieber nicht*«-Kopfkino damit vorrübergehend ausgeschaltet: Wir sagten Vogels zu und stiegen in die Planung ein. Trotz meiner immer wieder aufflackernden Skepsis: Mir geht es um Freundschaft mit Pferden, um Gefühle, und woher kam eigentlich mein Gedanke, die könnte man in einem Film besser rüberbringen als beispielsweise in einem bebilderten Zeitungsartikel?

Im Laufe der Vorbereitungen kamen die Zweifel – und gingen. Ein Wechselbad der Gefühle, mal warme Vorfreude, mal die eiskalte Panik davor, sich mit irgendeinem Rosamunde-Pilcher-Zuckerguss-Liebe-Zärtlichkeit-Kitsch zu blamieren.

Decke über den Kopf, die Welt aussperren ...

Am Abend vor Drehbeginn rotierten meine Gedanken dazu besonders schnell und immer wieder blitzte die Frage auf: Soll ich mir das wirklich antun? Der Betrieb lief inzwischen doch ganz gut. Auf jeden Fall so, dass Kari nicht mehr in Panik verfallen musste, wenn die Waschmaschine kaputtging oder mal der Tierarzt gebraucht wurde. Wir kamen doch zurecht. Warum also jetzt ein Film? Irgendjemand hatte gesagt, wir machen das, weil es Spaß bringt. Und weil es eine gute Übung ist, um das eigene Handeln zu überprüfen und unsere Unterrichtsinhalte mal wirklich auf den Punkt zu bringen. Ich hatte die Idee, andere Pferdefreunde an meinen Erfahrungen teilhaben zu lassen, ihnen und ihren Pferden vielleicht ein paar von meinen Fehlern zu ersparen ...

Pffff! Am Tag vor dem Drehstart hätte ich darauf bestens verzichten können! Ich wollte das alles lieber doch nicht! Was ich wollte, war im Schlafzimmer verschwinden, mir die Decke über den Kopf ziehen, die Welt aussperren.

Stattdessen ging ich nach dem Abendessen, die Hände zu Fäusten geballt und fest in die Taschen meiner Jacke gebohrt, nochmal runter auf den Hof. Vielleicht fand ich ja da jemanden, der mir erklärte, warum wir uns auf diese Filmidee einlassen wollten. Oder, noch besser, vielleicht hatte Silke ja plötzlich auch keine Lust mehr und lieferte mir eine Vorlage dafür, das Ganze in letzter Minute abzublasen.

Als ich von der Treppe unseres Hauses aus zum Stall runterguckte, hatte ich den Eindruck, dort hätte jemand einen Bienenstock geöffnet: Am Waschplatz shamponierte Sarah Grace den Schweif ein. Das nächste Pferd stand schon, wie vor der Waschstraße an einer Tankstelle, in der Warteschleife. Silke legte, auf einem Cavalettiblock stehend, letzte Hand an Justys Frisur. Unsere damalige Praktikantin Stella, Laura und Anya, die extra zum Helfen gekommen war, saßen vor der Reithalle und putzten zum wiederholten Male Lederzeug.

Je näher ich kam, desto besser hörte ich, dass sie sich gegenseitig mit guten Ratschlägen dazu überboten, wie man von Reitkappen zerdrückte Frisuren wieder kameratauglich herrichtete. Neben ihnen stapelten sich Pullis und T-Shirts auf der Bank: Die Damen diskutierten wohl auch noch ihre Garderobe. Dabei fiel mir ein, dass Kari mein Hemd für den ersten Drehtag gerade top-gebügelt an unseren Kleiderschrank gehängt hatte.

Silkes beste Freundin Henrike, die ihren Auftritt am ersten Drehtag hatte, zeigte Cremetuben sowie eine Puderdose herum und erklärte, was sie wohl beim Powershoppen in einer Parfümerie gelernt hatte: *»Die Kamera soll ja unheimlich Farbe schlucken. Insofern können wir ruhig ein bisschen dicker auftragen.«* Auf der Futterkiste standen ungelogen fünf Flaschen mit Mähnen- und Fellglanzspray.

Wohlgemerkt für Vierbeiner. An einigen Boxen hingen große Zettel: »*Pferd bleibt heute drinnen*« – nicht dass unser Stallmeister Norbert die angehenden Filmstars frühmorgens routinemäßig mit auf den Paddock schickte. Da hätten sie sich ja schmutzig machen können.

Ich stand mitten in diesem Trubel – und merkte, wie sich meine Fingernägel langsam aus den Handballen lösten. Vielleicht, also ganz vielleicht, war das alles doch keine sooo schlechte Idee? Ein Auto kam auf den Hof gefahren: Einer unserer Gäste hatte für alle Helfer Eis geholt und mir auch eines mitgebracht. Lieber nicht? Warum eigentlich? Ich atmete durch und fragte, ob ich etwas helfen könne. Laura schob sich erst einen Löffel Eis in den Mund, grinste dann und sagte, glaube ich, etwas wie: »*Setz dich hin und strahl' Ruhe aus.*«

Ich bin dann auf den Trecker gestiegen und habe den Reitplatz abgezogen. Und als mein Blick beim ins Bett gehen nochmal auf das frisch gebügelte Hemd fiel, sagte ich zu Kari, dass ich mich ein kleines bisschen auf den nächsten Tag freute.

Filmen wie von Zauberhand bewegt

Wir erlebten tatsächlich eine tolle Woche und wer auch immer prophezeit hatte, dass die Dreharbeiten Spaß machen würden, er behielt Recht. Natürlich gab es zwischendurch Diskussionen. Natürlich verstanden die Filmexperten unsere Ideen nicht alle auf Anhieb. Natürlich schmissen wir unser Konzept zwischendurch auch mal über den Haufen, aber unterm Strich war es eine Aneinanderreihung beflügelnder Erlebnisse: Die Gemeinde Scharbeutz genehmigte uns Dreharbeiten am Strand (der im Sommer für Pferde eigentlich Tabu ist). Bettina Eistel kam mit ihrem Cherubin vorbei und schwelgte mit mir vor laufender Kamera in Erinnerungen an unsere Experimente mit ihrem Gershwin. Als Melanies »*Liiiebling*« Merlin mit einem Hufgeschwür ausfiel, wir für einen Dreh im sehr schattigen Wald aber ein weißes Pferd brauchten, boten unsere damals neuen Gäste Andrea und Ulrich ihre Schimmelstute an. Die Küchencrew unserer Pension stellte sich klaglos darauf ein, jeden Tag zusätzliche Esser (Helfer, Darsteller, Freunde, die zum Zuschauen vorbeikamen) am Abendbrottisch zu haben. Und unsere Stammgäste Inka und Sven erklärten in einer Szene über das Besondere an unserem Unterricht, dass man hier »*einfach Reiter*« sein dürfe. Ganz egal, was man vorher gemacht habe. Dass man hier alles, was sich gut anfühle, für das Pferd und für einen selbst, machen könne, »*ohne Leistungs- und Erwartungsdruck zu verspüren*«. Wow! Allein diese Aussage war und ist ein riesiges Geschenk für mich!

Thomas nahm alles auf – um die zehn Stunden pro Tag stand er in gebückter Haltung hinter seiner Kamera und hatte trotzdem ein Lächeln für jeden, der ihn »*mal eben ganz schnell*« etwas fragen musste. Als wir zum Schnitt des Films in sein Studio kamen, durfte auch ich mich auf der dortigen Autogramm-Wand verewigen. Zwischen lauter Reitern, die ich größtenteils nur aus dem Fernsehen kannte. Ich schrieb: »*W.I.R. – Wärme, Inspiration, Respekt. Das war Filmen wie von Zauberhand bewegt.*«

Anfang April 2014 schoben wir erstmals den fertig geschnittenen und vertonten Film »*Pferde, wie von Zauberhand bewegt*« in den DVD-Rekorder: einerseits ein tolles, erhebendes Gefühl. Wahrscheinlich so ähnlich, wie es sich für Hollywood-Stars anfühlt, wenn sie ihre Hände auf dem Walk of Fame in feuchten Zement drücken dürfen. Zumindest behaupten sie in Interviews hinterher auch immer, dass sie es gar nicht glauben können, jetzt so verewigt zu sein. Andererseits wäre ich ja nicht ich, wenn mir nicht auch dabei Zweifel gekommen wären: Hatte ich mein Anliegen gut genug erklärt?

Auftritt bei der »*HansePferd*«

Ende April waren wir zur Messe »*HansePferd*« nach Hamburg eingeladen, um den Film dort offiziell vorzustellen. Die Vorbereitung und der Ausflug selber waren das letzte große Projekt mit Silke. Dass sie mich dort in den Vorführring begleiten würde, stand von vornherein fest. Völlig unklar war mir dagegen, wie wir gleichzeitig den Betrieb auf unserem Hof aufrechterhalten könnten? Der Messetermin lag in den Osterferien, Haus und Stall waren schon Monate vorher ausgebucht. Wie sollte ungefähr die Hälfte unseres Reitlehrerteams samt Kari und Andreas da jeden Morgen nach Hamburg fahren und erst abends spät zurückkommen?

Zu meinem Glück war das genau die richtige Frage für Sascha. Als ich sie in einer Teambesprechung stellte, schob er sich breit grinsend die Ärmel hoch: »*Jupp! Ich mach das schon. Dann ist hier endlich mal richtig was zu tun!*« In solchen Momenten ist er der wandelnde Gegenentwurf zu meinem Bedenkenträgertum: Anpacken, machen, sich und anderen etwas zutrauen – ich gestehe, dass ich ein bisschen neidisch war.

Gemeinsam mit Sarah und Stella organisierte er an den Messetagen mehrere Workshops und freute sich wie Bolle, als sich die Gäste nicht nur zu jeweils einem dieser Kurse anmeldeten, sondern ihre Qual der Wahl damit lösten, dass sie gleich mehrere buchten.

Bevor es dazu kam, brauchten wir aber ein Programm für unseren Auftritt im sogenannten Ausbildungsring: Welches unserer Schulpferde könnte von so einem Ausflug profitieren? Karim? Nein, lieber Magic. Der kennt solchen Trubel aus seiner Zeit als Turnierpferd. Grace? Oder Traminer? Vielleicht zusammen mit Hella? Gute Idee, zwei Pferde statt nur eines. Warum nicht wieder Justy? Und sollen wir dieses Mal Musik dazunehmen? Oh ja! Och nö, das lenkt doch nur ab ... Als wir gerade dabei waren, uns im schönsten Durcheinander aus Fragen und möglichen Antworten zu verstricken, sagte Sascha, all diese Überlegungen seien für ihn zunächst zweitrangig: *»Ich finde, wir sollten zeigen, wie wir mit Pferden und Menschen umgehen.«* Und das in den fünfundzwanzig Minuten, die unser Auftritt höchstens dauern durfte. Allgemeines Kopfnicken, dann die Frage: *»Wie gehen wir denn mit ihnen um?«*

Im Idealfall so wie unser Stammgast Katrin, sie ist Lehrerin an einem Gymnasium, mit ihrer Klasse: getragen von einem zärtlichen Gefühl.

Ich habe in den vergangenen Jahrzehnten unendlich lange und unzählbar oft darüber nachgedacht, was Pferde, wie von Zauberhand bewegt sein könnten. An der Wand unserer Reithalle hängt eine der vielen Definitionen, die ich in die bereits erwähnten dicken Notizbücher geschrieben habe: *»Es ist nicht so entscheidend, wie viel Technik ich beherrsche, sondern wie viel gedankliche Freundlichkeit ich für mein Pferd entwickeln kann.«*

Seit Katrin mir in einem Gespräch darüber, dass sie jeden Tag gern zur Arbeit gehe, erzählt hat, dass sie *»so ein zärtliches Gefühl«* für ihre ganze Klasse habe, gibt es eine weitere Definition: *»Reiten oder Pferde wie von Zauberhand bewegt, das ist die Entdeckung der Zärtlichkeit.«*

Katrin beschreibt mit dieser Aussage ihre Zugewandheit, ihr Interesse an jedem ihrer Schüler, ihr Streben danach, jeden möglichst passend zu unterstützen. Egal, wie leistungsfähig, hübsch, gebildet oder was auch immer er ist.

»You never walk alone«

Wir haben letztlich Justy mit auf die *»HansePferd«* genommen. Und wir haben ihn zu viert ermutigt, in den Ring zu gehen: Silke, Laura, eines unserer Gäste-Kinder, die damals neunjährige Marie, und ich. Alle Hand in Hand. Dazu haben wir ein Lied aus einer alten ZDF-Serie, in der es um Freundschaft ging, gespielt: »*You never walk alone.*« Ein Stück, das ein Vater, der Musiker Mathou, für seine Kinder geschrieben hat. »*You never walk alone, I'll be with you, you never walk alone ...*« Marie nicht, Silke nicht, Laura und ich nicht und Justy auch nicht.

Gemeinsam konnten wir ihm in der ungewohnten Umgebung doppelten, drei- und vierfachen Halt geben. Und uns gegenseitig natürlich auch. Als er sich zwischen Publikum, Lautsprechern und dem flimmernden Bildschirm eines Messestands am Rand des Rings orientiert hatte, zog Silke ihm das Kopfstück aus und forderte das so schöne, augenfällig mit einem Norwegerpony verwandte Pferd zum Tanzen auf: Tanzen, Spielen, Bodenarbeit ... wie auch immer man es nennen möchte.

Im Publikum saßen viele unserer Stammgäste, die Justy und Silke anfeuerten, jubelten, als er federnd auf sie zu trabte oder auf ihre Aufforderung zum Galopp kokett den Kopf zur Seite warf und energisch antrat. Zu ihrem Tanz mit sechs Beinen spielten wir einen Titel des britischen Musikers James Blunt: »*If you need a hand to hold, I'll come running, because you and I won't part till we die, You should know, we see eye to eye, heart to heart ...*« Wenn du eine Hand zum Halten brauchst, werde ich angerannt kommen ... Beim letzten »*Ohoohoo Ohoohoo*« des Lieds joggte Laura in den Ring auf Silke zu und griff nach ihrer Hand. Dann dirigierten sie das Pferd gemeinsam und mit dem Verklingen des Stücks schienen sie einen Stecker zu ziehen: sie luden Justy in die Ruhe ein. Der wechselte auf dem Huf vom Tanzen in den Pausenmodus und ließ sich das von Marie herangeschleppte Sattelzeug auflegen. Silke nahm Laura dann an die Longe. Jede von ihnen hätte auch allein reiten können, aber darum ging es uns nicht.

Das Glück mit Pferden kann man beim Piaffieren, Passagieren oder im versammelten Galopp finden. Oder beim Durchwuseln einer Ponymähne, beim Schrittreiten, beim Traben am Strand, wenn ein Zirkel zum ersten Mal wirklich wie ein Kreis aussieht oder auch wenn er immer eiförmig bleibt. Das Pferd hat sowieso keine Ahnung davon, was rund und was richtig ist. Wenn Mensch und Tier gemeinsam Freude haben, dann sind sie für mich wie von Zauberhand bewegt.

In Hamburg kommentierte ich Silkes und Lauras Zusammenarbeit und ganz zum Schluss standen Maries Mutter am Rand des Rings die Tränen in den Augen: Weil Justy zwischen uns so ruhig und konzentriert, vor allem an Silke orientiert mitmachte, erfüllten wir den großen Wunsch eines kleinen Mädchens und hoben die schmale, federleichte Marie in den Sattel des großen, kräftigen Pferdes. Zu den Klängen von Mathou begleiteten wir die beiden aus der Messehalle: »*You never walk alone, I'll be with you ...*«

Du gehst nie allein, ich werde bei dir sein. Wir werden bei dir sein. Silke und Laura führten Justy links und rechts am Zügel, Marie winkte strahlend ins Publikum, ich lief, eine Hand nur vorsichtshalber sichernd an ihrem Reitstiefel, nebenher. Getragen vom Teamwork mit meinen Kollegen. Mit denen im Messering und mit denen, die zu Hause den Laden schmissen und uns den Ausflug damit erst ermöglichten.

So sind Menschen und Pferde wie von Zauberhand bewegt. So, dass in meinem Kopfkino ein Film voller Optimismus, Freude und Unternehmungslust laufen kann. Ein »*Lieber-ja-*« statt ein »*Lieber-nein-Film*«. So wie auf der Fahrt ins Fernsehstudio. So wie bei der Dame, die vier bezahlte Unterrichtsstunden lang eines meiner Pferde streichelte, wie bei der Schülerin, die sich mit Ende dreißig ein Shetty zulegte und begeistert mit ihm spazieren geht, joggt und Fahrrad fährt oder wie bei Georgs Galopp auf dem Stoppelfeld …

Wir können viel für uns und für unsere Pferde tun, wenn jeder das beisteuert, was ihm Freude bereitet. Wenn wir es gemeinsam machen, uns gegenseitig ermutigen und dabei auf Bewertungen verzichten. Menschen und Pferde, wie von Zauberhand bewegt, das ist für mich der Zuckerguss auf meinem Reiterleben.

Service

Zum Weiterlesen

Aquilar, Alfonso / Aquilar Arien: **Feine Kommunikation mit dem Bosal**; KOSMOS 2019
Der Ursprung des Bosals liegt in der mexikanisch-altkalifornischen Arbeitsreitweise. Ihr Ziel ist es, die höchste Stufe der Versammlung mit minimalen Hilfen zu erreichen. Alfonso Aquilar, einer der angesehensten Pferdetrainer der Welt, und sein Sohn Arien, Balanced Horsemen, zeigen in ihrem Buch die Technik des Bosal-Reitens und erklären, warum es insbesondere für junge Pferde und für Pferde, die korrigiert werden müssen, ideal geeignet ist. Sie räumen mit Vorurteilen und Missverständnissen auf und öffnen die Tür zu einem faszinierenden Reiterlebnis.

Aguilar, Alfonso: **Professionelle Ausbildung am Boden**, ... für jedes Alter, für jede Rasse; Edition WuWei bei KOSMOS 2014
Für Alfonso Aguilar ist die Bodenarbeit ein wichtiger Teil in der Pferdeausbildung. Sein schrittweise aufgebautes Buch zeigt Übungen für jedes Pferdealter – vom ersten Aufhalftern bis zu anspruchsvollen Lektionen an der Doppellonge. Eine „Roadmap" hilft, den eigenen Trainingsstand zu bestimmen und die individuellen Ausbildungsschritte mit dem eigenen Pferd zu gehen.

Beran, Anja: **Aus Respekt!**, Reiten zum Wohle des Pferdes; Edition WuWei bei KOSMOS 2017
Mit diesem Buch ist Anja Beran ein grundlegendes Werk gelungen. Ob Anfänger oder fortgeschrittener Dressurreiter – hier findet jeder

unverzichtbares Basiswissen, angefangen vom mentalen und körperlichen Rüstzeug für den Reiter bis hin zur pferdegerechten Ausbildung. Auch als E-Book erhältlich.

Eistel, Bettina: **Das ganze Leben umarmen**, Autobiografie; Ehrenwirth 2007
Bettina Eistel ist eines der rund 10.000 so genannten Contergan-Kinder. Sie hat keine Arme – aber einen starken Willen. Mit Optimismus und Ideenreichtum setzt sie sich gegen die Ausgrenzung aus der normalen Welt zur Wehr! Ihre Stärke verdankt sie nicht zuletzt dem Sport: Sie nahm als erfolgreichste deutsche Dressurreiterin bei den Paralympics in Athen 2004 teil, dadurch hat sich ihr Leben erneut gewandelt.

Binder, Sybille Luise: **Die Flucht der Trakehner**; KOSMOS 2019
Trakehnen im Sommer 1944. Auf dem berühmten Gestüt trifft man Vorbereitungen für die Flucht. Jesco von Esten, gerade schwer verletzt aus dem Krieg zurückgekehrt, soll eine 50-köpfige Trakehner Stutenherde nach Westen bringen. Auf dem Rücken seines Hengstes Preußenlied führt er seinen Treck bei eisiger Kälte über das gefrorene frische Haff … Hochspannend und mit historischen Fakten schildert Sibylle Luise Binder die legendäre Flucht der Trakehner, auf der Pferde und Menschen sich gegenseitig das Leben retteten und zu einer Einheit wurden.

Heuschmann, Dr. med. vet. Gerd: **Finger in der Wunde**, Was Reiter wissen müssen, damit ihr Pferd gesund bleibt; Edition WuWei bei KOSMOS 2015
Der Bestseller von Dr. Gerd Heuschmann beantwortet wichtige Fragen zur Anatomie des Pferdes und weist für alle Reitweisen den Weg zum schonenden Ausbilden und Reiten.

Higgins, Gillian mit Stefanie Martin: **Anatomie verstehen – besser reiten**, Bewegungsabläufe sichtbar gemacht; KOSMOS 2019
Erstmalig werden in diesem Buch die Bewegungsabläufe des Pferdes anschaulich erklärt. Die aufgemalten Muskeln und Knochen machen die Bewegungen des Pferdes sichtbar und führen zu einem besseren Verständnis der Biomechanik.

Klimke, Ingrid / Klimke, Reiner: **Cavaletti – Dressur und Springen;** KOSMOS 2018
Cavaletti-Arbeit an der Longe, wertvollen neuen Anregungen für die Dressurarbeit sowie zahlreiche aktualisierte Aufbauskizzen für die Springgymnastik. Neben der Gymnastizierung des Pferdes und der damit verbundenen Verbesserung der Gangarten bringt Cavaletti-Arbeit Spaß und Abwechslung in den Trainingsalltag. Auch als E-Book erhältlich.

Klimke, Ingrid / Klimke, Reiner: **Grundausbildung des jungen Reitpferdes,** Dressur, Springen, Gelände; KOSMOS 2019
Der Name Klimke steht für eine pferdegerechte und vielseitige Ausbildung. Die ersten Monate und Jahre unter dem Sattel legen den Grundstein für die Zukunft eines Reitpferdes. Jedes Pferd, ob es im Sport eingesetzt oder in der Freizeit geritten wird, braucht eine solide und fundierte Grundausbildung, damit es seine Aufgaben unter dem Reiter zuverlässig, motiviert und bei bester Gesundheit erfüllen kann. Kein Buch beschreibt die Grundausbildung junger Reitpferde so fundiert wie dieser Klassiker. Auch als E-Book erhältlich.

Konnerth, Tania: **10 Wege zu meinem Pferd**, Wie Mensch und Pferd glücklich zueinander finden; KOSMOS 2018
Tania Konnerth stellt die zehn Grundprinzipien vor, die für ein glückliches Miteinander von Mensch und Pferd unerlässlich sind –

von Respekt und Verstehen bis zu Führung und Freude. Sie argumentiert nicht mit erhobenem Zeigefinger, sondern einfühlsam und lebensnah, und hilft mit einfachen Übungen, die eigene Haltung dem Pferd gegenüber zu reflektieren und zu ändern. Das Buch bietet überraschende Denkanstöße für erfahrene Pferdemenschen genauso wie für Einsteiger und macht mit vielen emotionalen Fotos sichtbar, welch enge Verbindung zwischen Mensch und Pferd möglich ist.

Künzel, Nicole: **Jeder Gedanke ist eine Kraft**; Durch positive innere Bilder im Einklang mit dem Pferd; Edition WuWei bei KOSMOS 2015
Warum reite ich besser, wenn ich ein positiv eingestellter Mensch bin? Wie entsteht ein inneres Bild? Wunderschöne Abbildungen, viele Beispiele und Übungen verdeutlichen die Zusammenhänge und helfen dabei, sich im besten Sinne auf das Pferd und das Reiten einzustimmen.

Lubetzki, Marc: **Im Kreis der Herde**, Von wilden Pferden lernen; KOSMOS 2019
Tierfilmer Marc Lubetzki beobachtet und filmt seit 2012 ausschließlich Wildpferde. Während der Dreharbeiten wird er selbst Teil der Herde. Wie er das Vertrauen der Tiere gewinnt, und welche Schlüsse er aus seinen einzigartigen Beobachtungen zieht, beschreibt er in diesem Buch. Es gelingt ihm, Missverständnisse wie z.B. die Leithengst-Lüge aufzuklären und dadurch neue Anregungen für die Haltung und den Umgang mit Hauspferden zu geben.

Masterson, Jim, mit Reinhold, Stephanie: **Körperarbeit für Pferde**; Locker, entspannt, gelöst mit der Masterson-Methode; Edition WuWei bei KOSMOS 2018
Jim Masterson löst mit seiner Art der Körperarbeit und Massage tiefe Verspannungen beim Pferd und bringt es in einen ganzheitlich

entspannten Zustand. In vielen Detailaufnahmen werden die einzelnen Handgriffe und speziellen Anwendungsgebiete gezeigt.

Meyners, Eckart: **Wie bewegt sich der Reiter?**, Bewegungsabläufe verstehen Sitz & Hilfengebung verbessern; KOSMOS 2016
Der Bewegungsexperte Eckhart Meyners gibt einen Überblick über die Anatomie des Reiters auf Basis neuster wissenschaftlicher Erkenntnisse und macht verständlich, was beim Reiten im Körper passiert. Er schlägt Faszienübungen vor, die helfen sollen Haltung, Fitness und Beweglichkeit zu verbessern. Auch als E-Book erhältlich.

Müller, Karin: **HippoSophia,** Warum Pferd und Mensch sich gut tun; KOSMOS 2016
Wir stärken und entwickeln uns durch die Pferde, doch wir können ihnen auch viel geben, sodass ein gegenseitiges Fördern und Wachsen entsteht. Expertenberichte, Fallbeispiele und aktuelle Forschungen belegen, warum der Umgang mit Pferden und auch das Reiten glücklich machen.

Rashid, Mark: **Der die Pferde kennt**, Wahrnehmen, leiten, vertrauen – wie ein Horseman zum Schüler seines Pferdes wird; KOSMOS 2017
Zwei Topseller vom sympathischen Horseman aus Colorado im Doppelpack.
Mit dem Wallach Buck tritt ein ganz besonderes Pferd in Mark Rashids Leben. Es stellt seine bisherigen Prinzipien auf den Kopf und macht ihn zu einem Trainer – „Der von den Pferden lernt". Mit „Dein Pferd – dein Partner" öffnet Mark Rashid dem Leser die Augen für die Denkweise der Pferde. Er kommt dabei zu überraschenden Einsichten und manchmal zu verblüffend einfachen und gut umsetzbaren Lösungen. Auch als E-Book erhältlich.

Schleese, Jochen: **The Silent Killer**, Sattelanpassung nur für den Moment?!; Edition WuWei bei KOSMOS 2012
Ob der Sattel noch richtig zum Pferd passt, sollte immer wieder überprüft werden. Hier lernen Reiter, woran man einen guten Sattler erkennt und wie man selbst beurteilen kann, ob der Sattel noch richtig passt.

Teschen, Babette / Konnerth, Tania: **Praxiskurs Bodenarbeit**; KOSMOS 2013
Einen pferdegerechten, positiven und sanften Weg im Umgang mit ihrem Pferd suchen viele Pferdefreunde. Babette Teschen und Tania Konnerth zeigen, wie die Übungen Schritt für Schritt funktionieren und erklären stets auch das »Warum«. Sie beginnen bei den Basisübungen über Spiel, Longieren und Gymnastizierung bis zur Freiarbeit.

Tietze, Tuuli: **Reiten mit inneren Bildern,** Lektionen verbessern mit mentaler Stärke; KOSMOS 2016
Warum verstehen die Pferde die menschliche Vorstellungskraft und welche inneren Bilder eignen sich für welche Lektionenn? Dressurausbilderin Tuuli Tietze erklärt wichtige Grundregeln der mentalen Verständigung und stellt viele praktische Regieanweisungen für das reiterliche Kopfkino vor.

Wild, Jenny: **Von Pferden lernen, sich selbst zu verstehen**, KOSMOS 2014
Pferde geben uns in allen Situationen ein direktes, unmittelbares und unverfälschtes Feedback. Das gibt uns die Möglichkeit, sehr viel über uns zu lernen. Dieses Buch erklärt die Prinzipien des Natural Horsemanship und ist angereichert mit praktischen Beispielen aus dem Alltag mit Pferden. Es verhilft zu einem Gefühl der Harmonie,

Sicherheit und Freiheit im Umgang mit Pferden. Auch als E-Book erhältlich.

Wild, Jenny / Claßen, Peer: **Übungsbuch Natural Horsemanship**; KOSMOS 2020
Pferde sind von Natur aus nicht für die moderne Welt der Menschen geschaffen: Lärm und Hektik, wenig Platz – all das verängstigt sie. Es liegt in der Verantwortung des Menschen, dem Pferd Sicherheit und Vertrauen zu geben, sodass die gemeinsamen Unternehmungen harmonisch ablaufen können. Das Rüstzeug hierfür bietet dieses Buch: Es enthält alle grundlegenden Übungen der Kommunikation mit Seil und Halfter, erklärt, wie ich mein Pferd sicher vorwärts, rückwärts und seitwärts bewege. Ebenso das Anhalten, Richtung ändern und Hindernisse überwinden mit und ohne Seil. So lernen Mensch und Pferd, wie Klarheit beim gemeinsamen Tun zu einer tiefen Verbindung führt. Auch als E-Book erhältlich.
Das Plus zum Buch: Die KOSMOS-PLUS-App mit den wichtigsten Übungen als Filme.

Register

Abstand 19, 35
Angriff 161
Angst 6, 20, 102, 198
Anhalten 149
Anlehnung 189
Ärger 216
Augenhöhe 206
Auktionspferde 54
Ausritt 13, 23, 26
Ausweichen 35

Bandler, Richard 139
Begrenzungen 166
Belohnen 122
Beschwerde 135
Bewertungen 227
Blake, Henry 117
Blobel, Karl 142
Bodenarbeit 175
Boldt, Heinrich 66
Boxenruhe 124
Brinkmann, Micky 73

Dehnungshaltung 50
Denken, Pferde 169
Dreharbeiten 28, 217
Dressurunterricht 67
Durchgehen 146

Einfühlungsvermögen 195
Eistel, Bettina 156
Engagement 179
Ermutigung 227
Experimente 70

Fehler machen 122
Fehlergucken 79
Fleiß 212
Fluchtinstinkt 121
Freiwilligkeit 98
Freude 12
Freundschaft 179
Frust 105
Führen 57
Futterbelohnung 122, 182

Garantie 193
Gefahr 198
Geraderichtung 191
Gesichtsverlust 83
Gleichgewicht 137
Grundkommunikation 34

Halt 16
Handpferd 25
Hansepferd 223
Harmonie 193

Hempfling,
    Klaus Ferdinand 112
Herausforderungen 170
Herdenchef 91
Hilfengebung 75
Hilfsreitlehrer 43, 49
Horsemanship, Natural 137
Hunt, Ray 71

Kämpfen 37
Knie Senior, Fredy 71, 112, 123
Konditionierung 116, 128
Konkurrenzanalyse 49
Kritik 135

Lampenfieber 6
Leichttraben 59
Leistung 154
Lektionen 68
Liebe 190
Lob 22
Longenunterricht 94
Losgelassenheit 188

Messeauftritt 36, 38, 223

Neugier 7, 207
Niemack, Horst 66

Ordnung 16, 53
Orientierung 16, 19

Pausieren 150
Pferd + Jagd 36, 38
Pferde führen 57
Pferde lieben 77
Pferdeausbildung 61
Pferdehändler 86
Pferdephobie 196
Pferdeverhalten 19

Rangordnung 35, 93, 161
Realität 192
Reflektieren 169
Regeln, klare 18
Reitunterricht, erster 9, 22
Respekt 19
Richtlinien 60

Roberts, Monty 162
Roundpen 120, 165
Rücksicht 195
Rückwärts 35
Ruhe, einladen zur 38

Schreckhaftigkeit 65
Schülern, lernen von 64
Schultheis, Willi 69
Schwierigkeiten 157
Schwung 190
Signalgebung 116
Skala der Ausbildung 179
Spazieren gehen 65

Sportgeräte 77
Springreiten 48, 63, 88
Stecken, Paul 42, 179
Stimmung 141
Stress 33

Takt 183
Talent 212
Tetzner, Michael 79
Trainer 144
Trakehner 16, 25
Treiben 120, 147
Trümmerfrau 44
Turniere 54, 76, 130

Überforderung 162
Überzeugung 140
Unterricht 206

Verantwortung 141
Vergnügen 109
Verladen 96
Versagen 21
Versammlung 191
Verhaltensweisen 19, 20, 113
Verstärkung 20, 123
Vertrauen 88
von Neindorff, Egon 100

Win-win-Situation 115, 126
Wagner, Hans Dietrich 49
Wünsche 106, 182

Zauberhand 11, 226
Zügelhilfen 80, 116
Zügelverbindung 116, 147

Bildnachweis
Mit 54 Farbfotos von Isabell Albrecht (22: Seite I unten, VI oben rechts, XIV, XV, XVII, XVIII, XIX, XX unten, XXIV, XXV, XXVI, XXVII unten, XXX, XXXI, XXXII), Ulrike Bergmann (4: Seite VI unten rechts, XXIII, XXVII oben), Alexandra Buell (3: Seite XXI, XXII oben), Sabine Hanse (3: Seite I oben, XII oben, XXII unten) und Holger Widera (5: Seite XVI, XXVIII, XXIX) sowie aus dem Archiv von Wolfgang Marlie (6: Seite VI oben links, VI unten links, VII, XI) von Conny Schweigler (2: Seite X) und von pferdia tv (8: Seite VIII, IX, XII unten, XIII, XX oben).
Mit zehn Schwarzweißfotos aus dem Archiv von Wolfgang Marlie (9: Seite II, III, IV, V) und von Isabell Albrecht (1: Seite 237).

Impressum
Umschlaggestaltung von Designatelier Christine Orterer unter Verwendung von vier Farbfotos von Isabell Albrecht (Vorder- und Rückseite, Klappe unten) und Gudrun Braun (Klappe oben).

Mit 54 Farbfotos und 10 Schwarzweißfotos.

Alles rund um das Thema »Pferd«:
kosmos-pferd.de

Unser gesamtes Programm finden Sie unter **kosmos.de**.
Über Neuigkeiten informieren Sie regelmäßig unsere Newsletter, einfach anmelden unter **kosmos.de/newsletter**

Gedruckt auf chlorfrei gebleichtem Papier

© 2016, Franckh-Kosmos Verlags-GmbH & Co. KG, Stuttgart.
Alle Rechte vorbehalten
ISBN 978-3-440-14483-1
Redaktion: Gudrun Braun
Gestaltungskonzept: Populärgrafik, Stuttgart
Gestaltung und Satz: DOPPELPUNKT, Stuttgart
Produktion: Nina Renz
Printed in The Czech Republic / Imprimé en République Tchèque

Alles Gute beginnt —— am Boden

208 Seiten, ca. €(D) 32,–

Pferde sind von Natur aus nicht für die laute, hektische und enge Welt der Menschen geschaffen. Es liegt in unserer Verantwortung, ihnen Sicherheit und Vertrauen zu geben, sodass die gemeinsamen Unternehmungen harmonisch ablaufen können. Das Rüstzeug hierfür bietet dieses Buch. Es enthält alle grundlegenden Übungen der Kommunikation am Boden: Sicheres Vorwärts-, Rückwärts- und Seitwärtsbewegen ebenso wie Anhalten, Richtung ändern und Hindernisse überwinden – mit und ohne Seil. So lernen Mensch und Pferd, wie Klarheit beim gemeinsamen Tun zu einer tiefen Verbindung führt. Das Plus zum Buch: Die KOSMOS-PLUS-App mit den wichtigsten Übungen als Filme.

kosmos.de

Pferdesprache lernen
—— in 12 Schritten

208 Seiten, ca. €(D) 32,–

Endlich die Sprache der Pferde sprechen! Mit Sharon Wilsies bahnbrechender Methode wird dieser Wunsch vieler Reiter und Pferdehalter Wirklichkeit. Die Pferdeexpertin erklärt die Grundlagen der Kommunikation mit Pferden und zeigt, wie der Mensch die Körpersprache des Tiers verstehen lernt und seinerseits mit den richtigen körperlichen Signalen – nicht mit Worten – konkrete Wünsche und Botschaften übermittelt. Denn nur durch wahren Dialog entsteht echte Freundschaft und ein vertrauensvolles Miteinander von Pferd und Mensch.

kosmos.de